户型大师
之微利时代

The Guidance System of Home Design
and Residential Architecture Design

周文胜 著

华中科技大学出版社
http://www.hustp.com
中国·武汉

图书在版编目（CIP）数据

户型大师 / 周文胜 著 . – 武汉 : 华中科技大学出版社 , 2014.11（2020.8重印）

ISBN 978-7-5680-0533-3

Ⅰ . ①户… Ⅱ . ①周… Ⅲ . ①住宅 – 建筑设计 – 研究 Ⅳ . ① TU241

中国版本图书馆 CIP 数据核字（2014）第 275434 号

户型大师

周文胜 著

出版发行：华中科技大学出版社（中国·武汉）

地　　址：武汉市武昌珞喻路 1037 号（邮编：430074）

出 版 人：阮海洪

责任编辑：段园园　　　　　　　　　　　　　　　责任监印：朱玢

责任校对：熊纯　　　　　　　　　　　　　　　　装帧设计：筑美文化

印　　刷：中华商务联合印刷（广东）有限公司

开　　本：965 mm × 1270 mm　1/16

印　　张：12.75

字　　数：102 千字

版　　次：2020 年 8 月第 1 版 第6次印刷

定　　价：88.00 元

投稿热线 :（020）36218949　　duanyy@hustp.com

本书若有印装质量问题，请向出版社营销中心调换

全国免费服务热线：400-6679-118 竭诚为您服务

序 | 何镜堂

　　建筑是人们生活和工作的载体，它既能够满足人们的使用需求，也体现了一个地区科技、文化品位和时代气息，甚至是一个地区、一个时代的象征和标志。住宅建筑设计与居住者的生活质量紧密相关，一个好的住宅建筑设计不仅要做到与周边环境相融合、整体风格与细部设计相统一，还要充分考虑当地人群的生活习惯。若想将建筑户型设计做好，只有深刻理解当地人们的生活习惯，发挥专业优势，方能增加住宅的价值。

中国工程院院士
中国工程设计大师
国家教育建筑专家委员会主任
华南理工大学建筑学院院长
华南理工大学建筑设计研究院院长、总建筑师
2010 上海世博会中国馆总设计师

自序 | 周文胜

　　室内设计从广义上说是建筑设计的延伸，从学科类别上来说属于建筑学（Architecture）。建筑学包含工程技术与人文艺术，体现了建筑技术与建筑艺术两个方面的需求。建筑技术侧重于实用，包括平面布局、功能使用、建筑结构、暖通、给排水、强弱电等；建筑艺术侧重于美学，运用建筑艺术独特的艺术语言，使建筑形象具有文化价值和审美价值。建筑师的工作是"从无到有"建造空间范围，而室内设计师的工作则是"从有到富"营造空间氛围。室内设计同样包括技术及艺术两个层面的内容，还涉及消费心理、市场运营等多方面知识，逐渐成为一门综合性学科。室内设计作为一门独立专业，发展历史短，它所产生的价值容易被人们忽视。技术层面的价值相对容易接受，是客观存在的，有些甚至是不可改变的。但美学范畴的价值并没有那么容易理解，因为审美隶属于精神层面，没有绝对的评判标准。

　　中国快速的经济发展给房地产业带来了巨大的发展空间，住宅建筑业达到了空前的繁荣，相关设计产业也得以快速发展。作为前沿设计师，我体验到了快速发展的步伐，但同时也明显感受到了设计行业存在的种种危机。房地产的快速发展给设计工作者带来了大量的机遇，规划设计、建筑设计、室内设计都在加班加点地赶项目。机遇多了，项目多了，所谓"萝卜快了不洗泥"。作为投资开发商，更关注资金周转、销售时机以及市场对产品的认同，往往要求设计出"可拷贝"式的产品，用"又快又稳"的操作实现资金的快速回笼。作为下游的设计服务业，只能被动的接受，久而久之，设计也就如同中国的制造业一样，以一种"代加工"的模式存在于设计行业之中，变得毫无创造性。虽然住宅产品不可能像其他工业产品一样流通，但呈现出来的确实是"千城一面，千房一面"的景象，从建筑外观到整个城市形象毫无特色，无从分辨各个城市的特点。人们对生活的美好追求也只停留在粗浅的需要层面上。

　　设计到底有何价值？没有人能回答清楚，但我清楚地感觉到目前处于一个"拷贝"的年代，大多数人很难考究辨识"原创"的价值，导致行业内不乏有人热衷于追求商业利润而以"拷贝"至上，不能沉下去思考、研发、创作，去寻找设计真正的价值点，进而引导并改变人们对设计价值的固有思维。用各类"大咖"的名头去迎合商业需求，创造的设计价值可想而知。

就行业特点来说，设计行业属于一个"老来香"的行业，从业人员需要经过生活的沉淀、对生命有所感悟，知识结构完善、审美视野开阔、具备人文艺术的修养等，这样才能做好设计。但市场的需求迫使年轻的从业人员急功近利、抄近路，越是走捷径就越体现不出设计的价值。结果是设计产品品位粗俗，功能不人性化，满足不了消费者的需求。反观"洋设计"却有着前沿的设计理念、别致的造型、个性化的色调，更有对人性极大关怀的细节，因此"洋设计"在市场上大行其道，而国内设计师多数成为投资开发商的"边角料"。

住宅代表着人们对美好生活方式的追求，尤其中国人对住房有着特殊的情结，"祖屋"的传承为中国人所津津乐道，往往愿意倾其一生积蓄、穷其一生努力为居住环境的提升而创造条件。然而，现实中的住宅产品因为受地段、价格等多重因素的限制，业主往往只能被动接受。但作为建筑师、室内设计师，营造美好的生活居住环境是其天职，被动的接受就失去了设计师的自身价值。

在住宅建筑设计中，户型设计所处的位置很尴尬。户型设计对消费者而言是重中之重，但在整个住宅设计体系内，相对于规划设计、建筑设计而言，它属于微观层面。但对室内设计师而言，它处于定局状态，在一个矛盾的结构点上。我从事住宅室内设计二十几年，每次带着心痛完成了一个设计作品之后又去迎接新的"难题"，户型设计得不到重视的情况发现已久，感悟亦很深。这种状况影响到的不只是单个人的生活品质，而是会影响到房地产产业的开发，进而影响整个社会群体的居住质量。直到 2004 年我与海口长信地产公司合作，介入实质性的户型设计工作，我才意识到户型设计是完全可以提前优化的，与建筑师前期互动，完全可以创造出空间的无限价值。不论项目规模大小，在与投资开发企业、国内外建筑设计团队的合作过程中，我都竭尽所能发挥室内设计师的优势，一个接一个的成功案例促使我思索如何让更多的投资开发商、建筑师、室内设计师认识到户型设计的重要性，实现多方面最大价值的共赢。

2007 年，我在思索公司的核心竞争力时，"户型大师"的概念在我脑海中初步形成。2011 年在广州设计周展览时，我第一次明确提出"户型大师"的概念，得到了众多媒体、投资开发商及同行的认同。因为它是建立在大量的实践工作基础上的产物，很多同行及投资开发商都在为类似这样的工作而绞尽脑汁，感同身受。这更让我坚信推广"户型大师"的意义。

直到 2013 年 10 月，华中科技大学出版社邀稿，促使我将"户型大师"的概念加以系统整理。实际出书的过程比我想象中要困难得多，繁忙的工作，细碎的时间，让我很难完全静下心去思考和推敲。但是责任感与使命感驱使我将积累已久的片段式感悟加以提炼，在工作实践中不断总结完善"户型大师"的理论体系，形成一套行之有效的方法，这已远远超出我当初写书的期望。在写书的过程中，还有幸拜读了寿震华老师、周燕珉老师等资深专家的力作，让我的知识结构得到更进一步的完善，同时也得到了"榀格设计"团队岳琳、陆闻等设计师的大力支持。

全书分为四篇：第一篇为"探索篇"，阐述在"微利时代"下户型设计的价值；第二篇为"形成篇"，把"户型大师"的理论体系及实践方法加以阐述；第三篇为"实践篇"，以图文并茂的形式结合部分项目实例，归纳其工作流程，进行设计分析；第四篇为"延伸篇"，浅议养老居住建筑户型设计，作为"户型大师"的日后研发方向之一。

写书的初衷是想达到以下几个方面的目的：一方面在"微利时代"的今天，期待对房地产行业有所启示，使投资开发商通过"户型设计"获得更高的利益回报，促使进一步开发出好户型以回馈消费者，让消费者获得惊喜，实现价值提升。另一方面在室内设计、建筑设计乃至规划设计的合作方面试图提供一种更好的渗透方法，从而实现设计的最大价值。同时，让相关专业的学生得以对"户型设计"有一个初步的、正确的、全面的认知，进一步完善他们在校学习的理论知识结构。

全书的主旨是倡导"新住宅人本主义"的理念。提出的设计理念不一定十分完善，个案也未必完美，但相信本书仍有很多可读之处。再次感谢诸多投资开发商给予我参与设计实践、施展能力的机会，促成此书的最终出版。

2015 年 6 月 25 日书于广州

目录
Contents

序

自序

第一篇　痛并醒——户型大师之探索篇

　　第一章　我的设计历程之痛

014　一、家装行业设计价值的沦落之痛

014　二、建筑设计行业对户型设计价值的忽视之痛

015　三、房地产开发商对户型设计价值的忽略之痛

015　四、设计不到位给社会带来的负面效应——环保之痛

　　第二章　微利时代的来临

016　一、中国近代住宅的发展历程

017　二、新中国成立后住宅的发展历程

019　三、中国改革开放后住宅的发展历程

021　四、中国住宅房地产的"黄金十年"

026　五、中国住宅房地产"微利时代"的来临

　　第三章　当前住宅建筑设计行业的业态分析

027　一、当前住宅建筑设计行业的"设计生态链"

028　二、聚焦住宅房地产开发商

　　　　（一）表现一："拿来主义"

　　　　（二）表现二："崇外主义"

　　　　（三）表现三："盲目主义"

029　三、聚焦营销策划

　　　　（一）表现一：定位偏差

　　　　（二）表现二：策划"手法疲软"

　　　　（三）表现三：营销"唯业绩论"

030 四、聚焦住宅建筑设计行业

（一）表现一：作品意识大于商品意识，不重视住宅的商业价值属性

（二）表现二：设计规范大于居住功能需求，不重视实际生活体验

（三）表现三：作品拷贝大于作品创新，不重视产品变革

031 五、聚焦室内设计行业

（一）表现一：好看大于好用，不注重空间和居住者的生活需求

（二）表现二：被动大于主动，缺乏宏观前沿的改造意识，无力改变现状

第四章 户型设计之"四大价值"

032 一、专业价值

（一）提高空间使用率

（二）提升空间舒适度

（三）提升空间美观度

（四）提高空间灵活性

039 二、市场价值

（一）对开发商而言的市场价值

（二）对消费者而言的市场价值

（三）对专业设计公司而言的市场价值

040 三、人文价值

040 四、环保价值

第二篇 醒必行——户型大师之形成篇

第一章 治未病的"户型大师"

044 一、"户型大师"的概念

045 二、户型金字塔

046 三、"户型大师"的设计切入点

第二章 双优设计原则

048 一、"户型优化"设计原则——既病防变

（一）优化设计的阶段条件

（二）优化设计的范畴

（三）优化设计的方法——"望、闻、问、切"

064 二、"户型优先"设计原则——未病先防

（一）优先设计的阶段条件

（二）优先设计的范畴

（三）优先设计解决的问题

第三章　户型标准化

074　一、户型标准化之"挂档"

076　二、住宅户型空间的设计标准

（一）门厅

（二）客厅

（三）餐厅 + 厨房

（四）主人房区域

（五）次卧

（六）卫生间

（七）阳台

099　三、住宅公共空间的设计标准

（一）单元入口

（二）大堂

（三）电梯厅、电梯井

（四）楼梯间

（五）走廊通道和入户空间

（六）设备管井

第三篇　行必获——户型大师之实践篇

第一章　户型双优设计实例解析

111　双优设计实例一：南宁某知名楼盘交楼标准项目

114　双优设计实例二：深圳中海尖岗山交楼标准项目

119　双优设计实例三：武汉广电江堤村交楼标准项目

122　双优设计实例四：浙江正方上林院高层洋房个性化项目

125　双优设计实例五：珠海招商依云水岸交楼标准项目

128　双优设计实例六：温州银都花园交楼标准项目

133　双优设计实例七：东莞心怡半岛花园交楼标准项目

141　双优设计实例八：海口长信蓝郡交楼标准项目

146　双优设计实例九：君侯食品厂原老厂区改造工程（住宅）

第二章　标准化户型的设计流程

155　一、户型标准的制定

（一）标准层建筑平面

（二）标准化户型特点

157　二、户型精装修设计流程

（一）标准化户型基本信息

（二）精装修标准说明

（三）标准化户型精装修设计

169　三、施工控制节点

（一）施工控制节点说明

（二）施工节点做法

173　四、标准化户型的精装修材料、功能配置及成本控制

第四篇　养老居住建筑户型设计——户型大师之延伸篇

第一章　中国养老居住建筑与养老地产的发展

176　一、养老居住建筑

178　二、中国养老地产的发展

（一）中国养老居住模式

（二）中国养老地产的发展模式

第二章　中国老年人居住方式的特点与养老居住意愿

180　一、中国老年人居住方式的特点和转变

（一）老年人独居生活方式的比例呈上升趋势

（二）受教育程度越高，老年夫妇单独居住比例越高

（三）无配偶老人独居比例高

181　二、中国老年人养老居住意愿的特点和转变

第三章　养老居住建筑户型设计初探

186　一、养老居住建筑户型空间优先设计

（一）功能与尺度设计

（二）安全性设计

（三）室内装饰材料

190　二、养老居住建筑公共空间优先设计

（一）高差问题

（二）空间尺度

（三）人性化设计

191　三、养老居住建筑的空间组合优先设计

（一）养老居住建筑楼栋的布置和户型的选择

（二）养老居住建筑户型内空间的组合关系

（三）养老居住建筑的灵活性、可持续性发展设计探讨

194　四、养老居住建筑户型的标准化设计举例分析

（一）刚需基本型（一档）户型设计举例分析

（二）专业护理型（二档）户型设计举例分析

（三）健康享受型（三档）户型设计举例分析

跋

第一篇 痛并醒——户型大师之探索篇

第一章 我的设计历程之痛 /014

第二章 微利时代的来临 /016

第三章 当前住宅建筑设计行业的业态分析 /027

第四章 户型设计之"四大价值" /032

第一章　我的设计历程之痛

▌一、家装行业设计价值的沦落之痛

20 世纪 90 年代中期，福利分房时代已宣告结束，住宅商业化的改革催生了家装设计行业的发展。以工程赚钱、设计开路的家装设计席卷而来。2000 年后，家装设计行业的竞争越发激烈，"设计免费"[1] 的广告成为家装行业招揽业务的最大噱头，设计变成了家装业务和家装工程的配套角色，而户型的研究及设计就更无从谈起。具备潜力的设计人才找不到未来发展的方向，设计师得不到社会应有的尊重——设计到底有没有价值？设计之路该何去何从？

▌二、建筑设计行业对户型设计价值的忽视之痛

1998 年，我国正式走进商品房时代，住宅建筑设计行业随之蓬勃发展。住宅建筑师更多关注整体规划设计、园林设计、建筑外观设计、结构设计以及相关配套专业的设计，而户型设计在当时整个建筑设计行业里只是冰山一角。建筑师在繁重的设计任务压力之下，设计的户型只要能够满足基本生活需要，符合建筑规范，而根本无暇反复推敲户型设计，之后再经过结构、水电等各专业的"粗加工"，到了室内设计阶段的户型几乎已是千疮百孔。室内设计师面对相关配套专业的设计所带来的种种问题，或者迁就，或者妥协，只能被动地针对单个户型进行优化改造。如此一来，户型设计要想实现较大的突破及创新实属不易，但是作为住宅建筑设计行业的室内设计

[1] 当家装行业竞争越加激烈的时候，部分家装公司开始打着"免费设计、免费量房、免费报价"之类的广告宣传以求吸引更多的业务。

师，我迫切希望能够从源头上去解决诸多矛盾，在不受其他过多因素羁绊的前提下做好所有的建筑户型设计，让户型设计的价值得以最大化的体现。

▌ 三、房地产开发商对户型设计环节的忽略之痛

住宅房地产行业是一个资源整合的行业，既要有资源整合的意识，也要具备强大的资源整合能力。住宅房地产行业发展早期，开发商往往把大部分工作精力投放在建筑规划、园林景观、成本控制、施工管理等环节，而对户型设计的重视程度远远不够，即便国内部分一线住宅开发商往往也因为对户型设计环节的忽略而付出了巨大的代价。所以，住宅项目开发的户型设计环节出现"拿来主义"、"崇外主义"、"盲目主义"等种种现象也就不足为奇了，这些现象在后面的章节中会详细谈到。

▌ 四、设计不到位给社会带来的负面效应——环保之痛

据粗略统计：我国城市开发建设每年至少要拆除 3000 万～ 4000 万平方米旧建筑，产生数亿吨建筑垃圾。截止到 2005 年，我国建筑垃圾年排放量由以往的 4000 万吨增加到 4 亿吨，已经成为世界建筑垃圾排放最多的国家。建筑垃圾排放的高峰期已经到来，预计到 2020 年我国新增排放建筑垃圾将超过 10 亿吨。

——《中国环境报》，作者：李莹。

无论是精装修房还是毛坯房，不少楼盘在交楼之后，仍然会出现无休止的住宅装修或改造，给周围生活区的居民带来很大的困扰。因为对居住者的生活需求没有深层次的理解而导致户型设计的不合理，所以才会出现二次装修、三次装修、反复拆改的现象，继而也造成了极大的材料浪费和居住者原本不必要的成本投入，同时也严重影响和污染了我们居住生活的环境。尤其近年新兴的养老地产，更需要在户型设计方面点对点地斟酌，提前综合考虑到诸多因素，在开发过程中杜绝种种非环保的因素。

第二章　微利时代的来临

任何一个行业都必然经历起步阶段、发展阶段，最终才能到达成熟阶段。除了社会发展因素之外，无论哪个阶段都会受到本行业横向或纵向因素的影响，会被历史的长河和区域的界限分割成不同的片段。住宅建筑设计行业毋庸置疑也拥有丰富的发展历程及浓郁的时代特征，在当今中国经济繁荣的 30 年里，住宅行业快速发展，住宅开发商、住宅类设计师都应该清楚所处行业的发展阶段及时代特征，深刻了解住宅户型发展演变的历史，尤其是近代、现代住宅户型的发展历程（见表 1-1、表 1-2），这有利于实现未来住宅行业发展的有的放矢，也能更有力地推动整个住宅行业的突破创新与可持续发展。

▍一、中国近代住宅的发展历程

中国传统的住宅形式多种多样，但是空间形态基本离不开"院落"，各种院落的空间形态一直延续到近代，其中四合院就是中国院落的经典代表。四合院的空间布局以对称见长，正房朝南，东西两侧是厢房，还附有耳房和独立的小庭院。房屋与自然环境相融合，这种室内外的完美结合无论在当时还是现在都是中国人的理想住宅形式，可以发现这种院落的布局形式在现代住宅的室内功能布局中也仍有延续。

1900 年后，英、法、美、俄等国家先后在北京、天津等地修建欧式建筑风格的住宅，这个时期的中国住宅受到外来文化的影响，传统的居住样式被新的建造技术加以改良，中国传统的独门独院逐渐被新的住宅形式所取代。从 19 世纪 50 年代起，上海就开始仿照欧洲联排式住宅的形式，低成本建造了一批木板房屋，就是最早的里弄式住房（见图 1-1）。70年代继而改用砖木结构建造里弄式住房，当时上海的"石库门"里弄民居就是砖木结构的毗连式建筑的代表。由弄门纵向延伸，在过道两旁各户相连，整体布局类似现在的住宅小区。

（a）一层平面

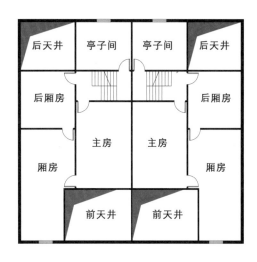
（b）二层平面

图 1-1　上海里弄式住宅

而同一时期的珠三角地区，受大批归国华侨的影响，所以在当地民宅中可以见到法式、英式、意式、德式以及中西结合的住宅风格，碉楼就是当时珠三角地区住宅的典型代表之一。

民国时期，中国的一些城市受当时西方建筑的影响，普遍出现了各式各样的高层建筑。1911 年之前上海的最高建筑是 6 层，1928 年修建的沙逊大厦成为上海第一座 10 层以上的大楼，也就是现在和平饭店的北楼。1937 年，15 层高的广州爱群大厦落成，在当时被誉为"华南第一高楼"。

19 世纪 20 年代起，上海开始出现两三层的新里弄住宅（见图 1-2），与过去的里弄住宅相比，里弄的宽度可容车辆进出，而且室内空间的使用功能有了明确的划分：起居室、卧室、厕所、厨房等。较富裕家庭的住宅门前有独立的庭院，甚至有的高级私人住宅直接仿照国外住宅修建，有主卧、次卧、卫生间、健身房、车库等功能空间，并且有带景观的花园，在当时被称为"花园别墅"。自此，这种西式的高端住宅逐渐在中国开始盛行。

▎二、新中国成立后住宅的发展历程

新中国成立后，北京率先改造了破烂不堪的和平里和龙须沟，建成了新的住宅区，在东郊和西郊也建设了配套住宅，一般是建筑面积 50 m² 的独门独户。当时大城市的工人住

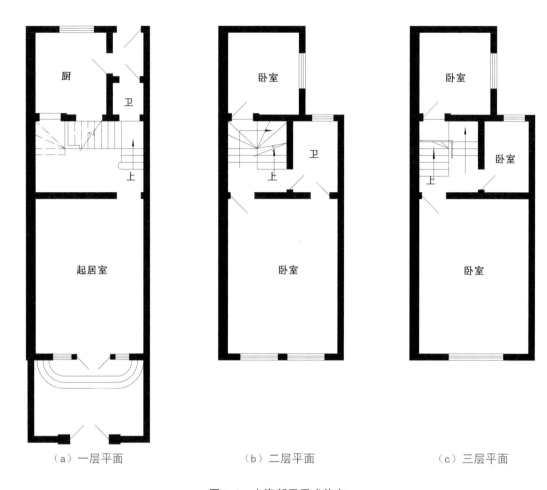

（a）一层平面　　　　　　　　（b）二层平面　　　　　　　　（c）三层平面

图 1-2　上海新里弄式住宅

房困难受到特别关注，1952 年上海为解决大城市工人住房的问题，第一批住宅修建于上海西郊的曹杨路一带，取名"曹杨新村"。整个项目占地 200 亩，小区里的住户主要是普通职工，建有合作社、医疗站、公共浴室等设施，以当时的家庭成员平均每户 5 人计算，可解决 10 万人的居住问题，在那个年代上海曹杨新村可谓是新式住宅的代表。

20 世纪 50 年代中期，中国借鉴苏联的住宅模式制定了社会主义初级阶段的住房设计的标准：五开间三户、七开间四户，两房或者三房户型配一厨一卫。可是这样的标准用了不久，发现建设成本一时无法快速满足城市住房需求，不得不两家或者三家共同居住，当时被称为"合理设计，不合理使用"[2]。

[2] 参考文献：寿震华，沈东莓. 轻松设计：建筑设计实用方法 [M]. 北京：中国建筑工业出版社出版，2012 年.

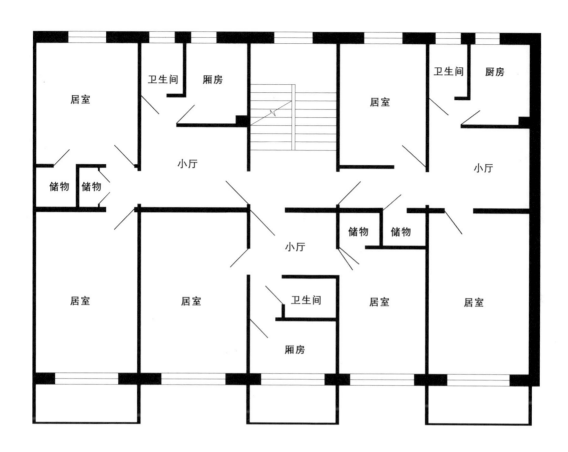

图 1-3　"小厅大居室"居住空间布局

　　1958 年"大跃进"运动时期，重工业的生产占据主要地位，所以用于住房建设的费用相当有限，住房成为福利制度下的分配物品，城市人均住宅面积仅 3.6 m²。这一时期虽然住房标准化开始实行，多层住宅成为住宅标准建筑形式，然而住房建设标准和质量都是最低通用标准。

▌三、中国改革开放后住宅的发展历程

　　1975 年为解决"大男大女分不开"、老少三代分不开"、每个家庭成员不能拥有相对独立的居住空间的情况 [3]，部分地区的户型就开始出现了"小厅"，但不是现在的客厅，而是将小厅作为多功能的休息空间（见图 1-3）。

[3] 参考文献：参考文献：寿震华，沈东梅. 轻松设计：建筑设计实用方法[M]. 北京：中国建筑工业出版社出版，2012 年.

（a）复式室内空间　　（b）跃式室内空间　　　　　　（c）跃式室内空间

图1-4　复式、跃式住宅空间

[4] 参考文献：周
燕珉. 住宅精细化
设 计 [M]. 北 京：
中国建筑工业出版
社，2008.

改革开放后，经济发展的同时也带动了城市住宅建筑的发展，"一户一套房"成为这个时期的居住目标。住宅的面积有所增大，但出于节地的考虑，在户型设计的面宽和进深标准上，有着严格的控制。住宅室内功能配置基本能够满足当时人们的需要，部分套型出现了独立小方厅作为餐厅，初步做到了"餐寝分离"[4]。后来提出"三大一小一多"的住房标准：厨房、卫生间、多功能厅的面积统一增大，缩小卧室的面积，纳物空间增多。虽然这个标准不是真正的小康标准，但是可以发现这个住房标准随市场发展的潮流而新兴，住宅开发更多关注的是市场价值，而户型设计却未真正达到满足各类型消费群体的差异化需求。很大程度上突破了传统的居住设计标准，开始注重住房设计的实用性、舒适性。

1984年，商品经济时代的特点开始越加明显，市场开始推行住宅商品化。国家计委、经委、统计局、标准局等批准颁布了《国民经济行业分类标准和代码》，首次正式将房地产列为独立的行业。房地产公司逐步实现了完全企业化，万科地产、招商地产等房地产企业都是在1984年成立的。次年，国家颁布的《中国技术政策蓝皮书》对住宅户型作出明确的规定，这是重视提高居住标准的一次突破性举措。

1994年，《国务院关于深化城镇住房制度改革的决定》出台。1997年东南亚金融危机使经济陷入衰退，促使住房政策改变。1998年7月3日，下发了《国务院关于进一步深化城镇住房制度改革加快住房建设的通知》，由福利分房住房体制转换为商品房住房体制。

1998年之后，住宅市场的"高需求，低供给"现象映射出人们从之前的"忧居"变为迫切希望"有居"的强烈需求。当越来越多的人有了自己的房子，就开始对生活的小天地有

（a）别墅外观　　　　　　　　　　　　　　　（b）别墅室内空间

图 1-5　别墅住宅空间

了更高的要求。2003—2007 年间，整个住宅市场呈现出"百花齐放"的景象——花园式大户型洋房、复式、跃式和别墅等各档次不同类型住宅产品（见图 1-4、图 1-5）受到不同消费人群的热捧，商品住宅在这次变革中曾一度达到发展高峰阶段。当然，这些品类丰富的住宅产品是跟随着住宅变革而逐渐出现的。

在一段时期内，因为过度注重住宅的完全市场化，而促使很多住宅开发商盲目追求经济利益从而导致户型设计与市场需求脱节，市场上中小户型的供应量明显偏少，"70/90 政策"[5] 应运而生。随着经济和城市化建设的发展，人们对于生活的基本要求越来越高，也开始追求生活的品质。2008 年，住房和城乡建设部发布《关于进一步加强住宅装饰装修管理的通知》，指出要完善扶持政策，推广全装修房。2010 年，多个省市相继出台关于精装修的政策，规范并推动住宅精装修项目的发展。

[5] "70/90" 政策规定"自 2006 年 6 月 1 日起，凡新审批、新开工的商品住房建设，套型建筑面积 90 平方米以下住房（含经济适用住房）面积所占比重，必须达到开发建设总面积的 70% 以上"。

四、中国住宅房地产的"黄金十年"

中国房地产行业自 1984 年作为独立的行业后一路快速发展，回顾房地产行业发展的历程可以发现，从 2003—2013 年这段时期可以说是中国房地产行业发展的"黄金十年"，这

表 1–1　　1950—1980 年我国城市住宅户型模式的发展历程 [6]

套型模式	合住型	居住型	方厅型
年代	20 世纪 50 年代	20 世纪 60—70 年代	20 世纪 70 年代末—80 年代
示例			
特征	· 套型小 · 多为一室或带套间的两室 · 卧室一般兼起居用餐功能 · 几户公用厨房和卫生间 · 居住目标为 "一人一张床"	· 每户一至二室 · 多数为穿套式房型 · 各房间功能仍以睡眠为主 · 起居、用餐功能尚未独立 · 独用小厨房和卫生间	· 增加了二室、三室的套型 · 走廊扩大为小方厅，形成独立的用餐空间，家庭起居活动仍在卧室，做到 "餐寝分离" · 卫生间主要具备两件套：便器、面盆 · 有些套型增设浴位，冰箱、洗衣机位置尚不确定 · 居住目标为 "一户一套房"

[6] 参考文献：周燕珉 . 住宅精细化设计 [M]. 北京：中国建筑工业出版社，2008.

表 1–2   1990—2007 年我国城市住宅户型模式的发展历程[7]

套型模式	合住型	居住型	方厅型
年代	20 世纪 90 年代	1998 年以后	2003 年以后
示例			
特征	·起居室作为家庭团聚、娱乐、用餐等功能的场所独立出来 ·做到"居寝分离" ·每户厨房独立，面积加大，设备趋于完善 ·卫生间安装三件套：便器、浴缸、面盆 ·考虑冰箱、洗衣机专用位置	·全面进入商品住房时代 ·套型结构大为改善 ·餐、起、寝分离 ·厨房设备完善 ·设有服务阳台 ·卫生间安装三件套 ·三室以上套型多设置双卫生间 ·居住目标为"一人一间房"	·动静分区；餐、起、寝学分离 ·有独立的小门厅、公共或客用卫生间 ·交通流线清晰 ·附有服务阳台、储藏间等 ·主卧室功能细化，设卫生间、衣帽间等，并注意干湿分区 ·面宽加大，空间通透灵活

[7] 参考文献：周燕珉. 住宅精细化设计 [M]. 北京：中国建筑工业出版社，2008.

段时期中国住宅的发展历程始终伴随一系列房地产的政策，下面就简单回顾一下这段黄金岁月。

2003 年，"非典"疫情使经济面临严峻考验。8 月 12 日《国务院关于促进房地产市场持续健康发展的通知》[18 号文] 提出经济适用房的"住房供应主体"改为"具有保障性质的政策性商品住房"，此项政策使得房地产成为了国民经济的支柱型产业。

2004 年 3 月 30 日，国土资源部、监察部联合下发了《关于继续开展经营性土地使用权指标拍卖挂牌出让情况执法监察工作的通知》[71 号文] 通知规定国有土地使用权要以公开的指标拍卖、挂牌出让方式进行。此项政策一出，传统出让土地方式被新拍卖方式取代，随后全国房价开始涨升。

2005 年 3 月 26 日，国务院办公厅发出《关于切实稳定住房的通知》[8 号文]，被称为"国八条"。不久"新国八条"出台，认为房地产投资规模过大，商品房价格上涨过快，提出八条调整和引导措施。新旧"国八条"使楼市处于短暂观望状态，继而恢复快速增长。

2006 年 5 月，《关于调整住房供应结构稳定住房价格的意见》[37 号文] 出台，简称"国六条"，提出重点发展中低价位的中小套型普通商品住房、经济适用房和廉租房。同时，"70/90 政策"规定套型建筑面积 90 m^2 以下住房比例必须达到开放建设总面积的 70% 以上。此项政策具有调整供应结构的特性，更具有强制性和探索性。出台后全国不少城市出现了较长一段时间的观望，但之后楼价一度出现大幅上涨，中小户型住宅有所增加。

2007 年 8 月，《国务院关于加快城市低收入家庭住房困难的若干意见》[24 号文] 出台，核心内容以加快建立健全廉租住房制度为重点，多渠道解决城市低收入家庭住房困难的政策体系。9 月《关于加强商业性房地产信贷管理的通知》出台，简称"9·27"房贷新政。同年 11 月 30 日，《经济适用房管理办法》明确规定经济适用房购房人拥有有限产权，政府开始转向以廉租房为重点，开始更加重视住房保障制度方面的完善，这意味着房地产的产业调整方向发生重大转变。

2008 年，在全球金融危机情况之下，中国楼市出现十年大拐点量价齐跌，下半年起，结束对房地产行业连续 5 年的宏观调控。同年 9 月 16 日、10 月 9 日、10 月 30 日、11 月 26 日、12 月 23 日五次降息。10 月 22 日财政部、国税总局宣布降低住房交易税费，12 月，国务院办公厅发布支持房地产开发企业积极应对市场变化的"国十三条"，国家的宏观调控转向，开始启动各种刺激楼市消费的政策，相关金融政策也全面松绑。

2009 年，《完善促进房地产市场健康发展的政策措施》——"国四条"出台，提出增加供给、抑制投机、加强监管、推进保障房建设四大举措。政策释放了拯救楼市的清晰信号，楼市复苏，后快速上涨。

2010 年，新旧"国十一条"先后出台，确定了楼市调控基调，连续抑制房价不理性的上涨节奏。新旧"国十一条"成为史上最严的房地产调控政策，但是高端地王楼盘还是不断产生，上半年房价飙升。

2011 年，"新国八条"强化和差别化住房信贷政策，二套房首付比例提高至 60%，贷款利率提升至基准利率的 1.1 倍。楼市依旧持续上涨。

2012 年，《关于进一步严格房地产用地的管理巩固房地产市场调控成果的紧急通知》坚持继续实行住房限购政策。同时国土部出台土地监管新政策，严格打击小产权房。一线城市的房价继续上涨。

2013 年 2 月出台"新国五条"，重申坚持执行限购、限贷调控政策，制约打击投资投机性购房。楼市调控手段逐渐转向市场调控。3 月国务院发布《关于进一步做好房地产市场调控工作的有关问题的通知》，其中二手房交易的个人所得税由交易总额的 1% 调整为按差额 20% 征收。

2014 年，各地方陆续松绑了限购政策，9 月 30 日央行出台房贷新政，对拥有一套住房并已结清相应购房贷款的家庭，贷款购买第二套住房时，可按照首套房贷政策执行等。

[8] 微利时代是目前约定俗成的一种提法。微利是相对暴利而言。微利时代的提法表现了人们对于商业环境中利润率的定性判断。（百度百科）

▌ 五、中国住宅房地产"微利时代"[8] 的来临

回顾中国房地产的发展历程，可以看到房地产在发展成为中国经济的支柱产业过程中，楼市调控伴随始终，不管接下来的是白银时代还是白金时代，房地产行业的黄金时代已经过去。在中国经济发展的新常态之下，"微利时代"可能成为现实，而不是一种预测。微利时代是相对于厚利时代而言的，以前房地产发展可以说是恰逢快速上升期，可谓遍地黄金。而如今，快速规模化的粗放型发展已经不适合当下中国经济的发展，房地产的开发模式及管理模式会从粗放型向精细化转变，户型设计也正是房地产向精细化发展的重要环节，开发商所提供的住宅产品都应最大程度地带给居住者精细化的生活居住空间和满足人性化的需求。无论是精装修交房还是毛坯交房，这一点对开发商开发住宅项目而言已成为"刚需"前提条件。所以，在这个时代的烙印下，户型设计在住宅建筑行业一定会发挥其重要的社会价值。

第三章 当前住宅建筑设计行业的业态分析

▊ 一、当前住宅建筑设计行业的"设计生态链"

早期星河湾项目的精装修设计得到多数业主认可，我也得以有机会完成广州锦绣香江地产紫藤园、丹桂园等别墅户型的改造设计与山水华府的户型创新。并相继制定了翡翠绿洲地产、中海地产的高层洋房、复式、联排别墅、独栋别墅等各种档次的交楼标准，又参与制定了中海地产集团的户型设计标准。在经历过不同类型住宅项目的户型设计、户型改造实践之后，我便开始关注住宅建筑设计行业的发展现状，并通过反思住宅项目开发过程中遇到的问题后发现：在住宅产业中，开发商和住宅建筑设计各相关行业之间存在着相互影响、相互制约的"设计生态链"（见图1-6）。透过当前国内常规住宅项目开发过程中所表现出的林林总总的现象，针对住宅建筑设计的相关行业做了以下一些分析。

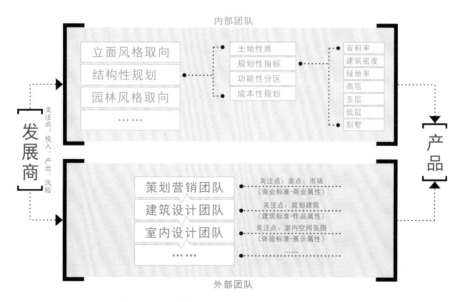

图1-6 当前住宅建筑行业的"设计生态链"

▋二、聚焦住宅地产开发商

　　住宅地产开发商的关注点在于投入、产出、风险。因为期望在短期内能实现回收资金最大化和再投入，这种高期望值容易促使开发商在项目开发过程中对设计价值的认知发生偏离。也许在过去的中国房地产发展的"黄金十年"里，住宅行业伴随着这些"认知偏离"依然能够在市场中维系生存。但是，现在如果不加以重视的话，在微利时代已经到来的激烈竞争中将无法获利甚至将被淘汰。

　　（一）表现一："拿来主义"

　　照搬、照抄，哪个好卖仿哪个。2009年，上海浦东星河湾项目开盘，当天总共推出的300多套房源在六小时内销售总额高达40亿，立刻引起了地产界的热议。"到星河湾，看好房子"几乎成为房地产业内的必修课，各地住宅地产开发商纷纷效仿星河湾的室内设计风格及精装修模式。但是完工后呈现出的工艺及设计效果远达不到星河湾的成品效果，投入市场后，销售状况也不尽如人意，看来捷径没有想象中那么好走。作为星河湾的合作设计单位，我深知星河湾具备高度重视设计的"工匠精神"和符合自身条件的市场定位，绝不是单单凭借境外的一些好概念与好方案就能成就他们的成功。遇到有客户要求做"星河湾风格"的室内设计时，我们可以去研究或者借鉴成功项目背后的运作精髓，但我不赞成直接去复制成功的设计个案。

　　（二）表现二："崇外主义"

　　过度追崇国外设计公司。国内地产开发商经常会依赖于国外设计机构参与项目设计，意在提升住宅产品的品质和创新度。国外设计机构一般比较重视设计理念的创新，但施工深化能力有限，并且通常设计周期较长、收费高、材料难以采购、跟进服务受局限。所以，双方的合作多局限于方案阶段，大部分最终都成为项目推广的广告噱头。此外，有些国外设计师不了解中国人的居住习惯及本土文化，设计的户型难以满足本土市场的需求。设计师通过学习来拓展视野无可厚非，但不能因为学习发达国家的技术和先进的设计理念而完全摒弃了传统的精髓。中国有深厚的传统居住文化和建筑历史积淀，在建筑户型设计中如果完全忽视这些传统的精髓，实属一种悲哀。

　　（三）表现三："盲目主义"

　　为了缩短住宅项目开发的周期，开发商往往最关注如何尽快落实规划报批，从而压缩规划设计阶段的时间，在此阶段开发商的关注点是所有的经济和技术指标是否都能达到规划报批的要求，没有花足够的时间和精力深入分析建筑规划设计方案和具体户型设计等层面的可行性。但是这种盲目推进住宅项目开发的思维将会带来后续的众多问题，当规划审批通过之后，单元楼栋就不能再有大的改动可能性，如果到这个阶段才发现户型设计存在诸多不符合市场需求、不能满足消费者生活需求等设计上的各种问题，就必然会陷入成本和技术上各种条件制约的困境，很难再有改变的机会和空间。

三、聚焦营销策划

从当前住宅建筑设计行业的"设计生态链"中可以看出，为实现住宅项目的开发目标，需要营销策划与各专业设计公司深入合作，才能对项目进行准确的定位。但是由于负责营销的各代理公司水平良莠不齐，对各专业设计的资源整合能力、整合深度不够，所以容易出现市场预测偏差，难以按照预期实现开发商的战略目标，营销策划的专业价值也无从体现。

（一）表现一：定位偏差

1. 时间因素：因为开发周期受到政策及地产开发商实力的影响，导致出现未来市场需求预估与实际开发周期出现偏差。

2. 专业因素：对于购房者的生活需求没有经过深入、科学系统地研究分析，对户型设计理念不清晰，以致提出的户型面积、功能配置及户型配比等前期户型设计定位不准确；而且对于户型的设计理念、室内施工所用的材料、设备及各种工艺理解不深，往往在实际卖楼时不能很好地表达出该户型的优势所在。

3. 实施因素：由于营销策划内部人员的专业素质有限，直接影响到与设计单位的有效沟通，而且营销提出的要求与现实的对立点太多，可行性不强。

（二）表现二：策划"手法疲软"

不成熟的营销策划团队的策划方案往往流于形式，停留于被动包装层面。常常在住宅产品出来之后再进行促进销售的包装，而对于市场、对于产品的本质价值缺乏了解。因为没有提前对市场进行深入调研，所以没有针对性的营销手段和方法，这样的策划营销方案千篇一律，对于项目的营销推广不具备指导意义。

（三）表现三：营销"唯业绩论"

营销的本质是实现价值——房地产项目的营销价值是通过销售额来实现的。在房地产市场环境好的情况下，营销团队很大程度是靠整体市场形势取得业绩，无论房子品质如何，户型设计的优劣，房子都好卖。而当房地产市场形势严峻时，各种销售问题就层出不穷，销售目标无法实现。这时候营销往往将业绩不好的原因归咎于楼市大环境不好，将责任归咎为设计不到位、施工工艺差等。但是，在竞争日趋激烈的"微利时代"，要想在市场夹缝中生存，更需要丰富自身的专业知识结构，对市场多做调研，对行业有深入的理解和系统的分析，才能在项目开发前期对各个合作单位起到真正的引导作用。

▌ 四、聚焦住宅建筑设计行业

建筑设计行业经过历史的发展已经形成相对规范和完整的行业系统，世界范围内还为建筑界设置有各种权威的奖项，建筑设计除了服务于人类使用之外，也成为艺术表现的载体。但是在中国高速发展的三十年，住宅建筑设计对于住宅的商业属性及居住功能的细节缺乏关注度，表现如下。

（一）表现一：作品意识大于商品意识，不重视住宅的商业价值属性

住宅产品除了固有的使用价值属性之外，同时具备流通、买卖的属性，尤其在经济快速发展的今天，住房成为一个大众心目中保值的商品，如果户型设计优良，会提升保值的附加值。

（二）表现二：设计规范大于居住功能需求，不重视实际生活体验

随着住宅建筑行业的迅速发展，建筑设计人才供不应求，从大学毕业到设计单位工作的年轻建筑设计师因生活阅历不丰富，基层生活经验少，接触面不广，所以对不同层次消费者的生活方式缺乏了解。专业知识可以从书本中获得，但是如果没有市场意识或者市场关注度不够，设计出的户型往往是合乎建筑规范但是达不到实际生活的标准。

（三）表现三：作品拷贝大于作品创新，不重视产品变革

在住宅项目快速、规模化的开发过程中，投资方需要快速投资和快速回笼资金，开发商和建筑单位都愿意选择已被市场认可的成熟户型产品，而不愿意冒风险去创新。如此一来，自然也不能引导设计师进行创新，原创价值在"拷贝的年代"就只剩下拷贝的价值。

五、聚焦室内设计行业

室内设计行业是当前住宅建筑行业"设计生态链"中最接近终端消费者生活的设计环节。但是，室内设计师如果过于关注建筑室内空间商业化氛围的营造，那么往往就会在商业化与设计理念表达之间出现不平衡。

（一）表现一：好看大于好用，不注重空间和居住者的生活需求

由于经济水平和物质生活水平的提高，家装业的蓬勃发展成就了大批室内设计人才。但是相对于建筑设计行业而言，室内设计在中国的发展历程较短，还未完全形成系统的规范。另一方面，室内设计人才大部分是接受国内艺术专业的高等教育，知识结构不全面，建筑理论知识缺乏，有追求的设计师大多依靠后期实践来"补课"，而年轻设计师普遍容易片面地追求视觉效应，不注重空间和居住者的生活需求，往往设计出"好看不好用"的住宅产品。室内设计不是简单地包装或美化空间，更多是注重功能空间的塑造，以及文化氛围的营造，给使用者以更多的生活便利及情感关怀。

（二）表现二：被动大于主动，缺乏宏观前沿的改造意识，无力改变现状

室内设计在中国发展历程短，竞争激烈，从业人数多但是专业水平参差不齐，设计价值得不到全民认同，尤其在不以专业为本的行业氛围下，大部分室内设计师被这个时代边缘化了。在中国当前快速、规模化的住宅项目开发模式之下，面对户型设计所出现的种种问题，一方面室内设计师没有机会去参与项目前期的技术交流，另一方面受本身的知识结构以及眼界的制约，无力说服开发商、营销策划及建筑设计方以解决空间存在的各种问题，面对客户以及现实的压力，只有被动服从，无力、无心去改变现状，难以实现设计的最大价值。

第四章 户型设计之 "四大价值"

[9] 交楼标准广义
上是指房地产开发
商法定交付给权益
人的建筑内外装修
标准(含相关设备),
它与建筑主体同属
于权益人。本书所
谈及的交楼标准是
指精装修交楼标准。

住宅建筑设计行业从粗放型向精细化转变的趋势已经不可逆转,在微利时代的大环境下,过去不重视户型设计的开发商现在已经意识到户型设计的重要性——只有被市场认可的户型产品才能从中赢得更大的价值。历经多年与中海地产的项目合作,我从设计单个开发项目的户型单体交楼标准[9]做起,通过探索和推广各档次交楼标准设计,逐步实现了各区域标准化户型单体设计的推广。近年来,我参与了部分区域建筑单体标准化及精装修的设计和推广,并有幸成为中海地产全国第一家住宅精装修设计战略合作设计方,这一路走来切身体会到户型设计的重要价值。

▍一、专业价值

(一)提高空间使用率

在相关政策许可的范围内,合理分配居住空间与公共空间的面积,提高可居住面积使用率,减少公共空间不必要的浪费。当然还要结合项目的定位以及居住人群的要求。如果对于高端住宅项目,可能需要从空间角度做不同程度的合理 "浪费" 来满足豪宅的空间尺度标准。以下案例是华东地区一个项目实例(见图 1-7),在项目未报建之前,客户要求我们对建筑户型方案做了深化调整。

1. 标准层电梯厅消防通道较长,对于刚需型住宅而言,公共空间的浪费较大。调整消防楼梯位置,形成每户独立小电梯厅的布局,大大提升了空间利用率。

（a）原建筑单体平面图

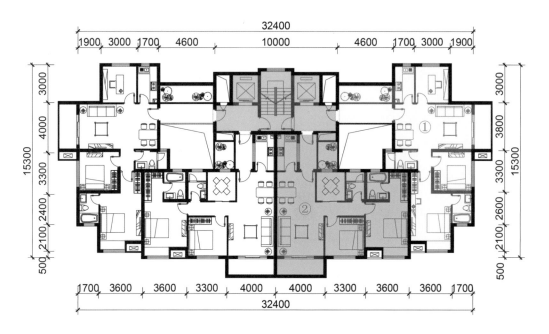

（b）优化后建筑单体平面图

图1-7　提高空间使用率的实例

2. 原建筑标准层两套户型均为紧凑三房的刚需类户型，每个户型仅设置一个卫生间，两口之家尚可理解，但是对于当地购买三房的刚需客户群体很大程度是希望一步到位，所以仅考虑一个卫生间是很难满足居住者生活的需求。想要实现双卫也不难，户型①作为边户完全可以增加一个 4 m² 左右的主卫，然后将公卫的布局旋转 90° 就能为户型②挤出主卫的空间。经过调整，这两个三房户型都能够满足双卫，增加户型的实用功能空间。

3. 厨房、客餐厅及南向房间的空间尺寸都有所调整，因为即便功能增加也要保证合理和实用的空间功能。很多设计师可能会顾虑客户也许不能够接受建筑面积增大，其实如果在不影响地块的整体规划指标和项目定位的情况下，单个户型的大小不是主要问题，而是如何合理分配可利用的空间，使之好用才是关键。虽然调整后的单个户型建筑面积比原方案要大，但是通过调整整个项目地块大小户型的配比，既不影响容积率又达到客户的要求，所以成功实施了优化后的户型设计方案。

（二）提升空间舒适度

好的户型设计不但能够提升空间使用率，还能够提升空间舒适度。舒适度应该是从空间尺度和心理感受两个方面来考虑。下面谈一个顶层的精装修复式案例（见图 1-8）。

1. 楼梯的位置虽然看似节省空间，但实际上客餐厅空间被分隔开，南北空间的通透性被楼梯阻隔了。所以调整楼梯位置，打通客餐厅的视野，自然提升了空间舒适度。

2. 上下层功能空间布局公共区域与私密区域划分不清晰，功能分区不合理造成空间浪费较大。如果将主卧布置在二层相对独立的区域，功能配置和舒适度都能够得到有效提升。再来看看二层的影视厅，位置正处于一层客房的正上方显然是不合理的，而且开间过小，不能满足一个视听体验的休闲娱乐空间的舒适度。调整后的影视厅位置横向来看远离二层两间卧室，纵向来看也不会对正下方的厨房造成任何干扰，而且视听空间的尺度加大，还可以多出一个酒吧台的小功能区，增加了一种视听享受的体验。

3. 首层客餐厅的人流走动对房间影响非常大，不能保证休憩空间的私密性。动静区分离，两个房间之间设计一个小型多功能厅，增进家庭的互动关系，能够让居住者在视觉上和心理上都感到更加舒适。

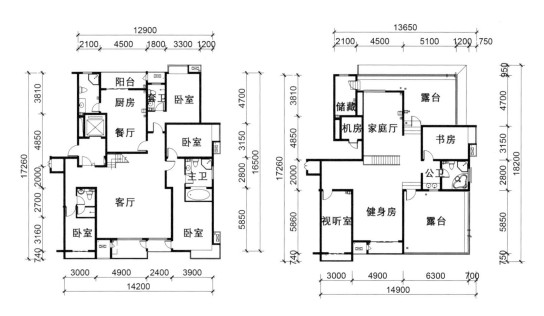

（a）原单体户型建筑平面图

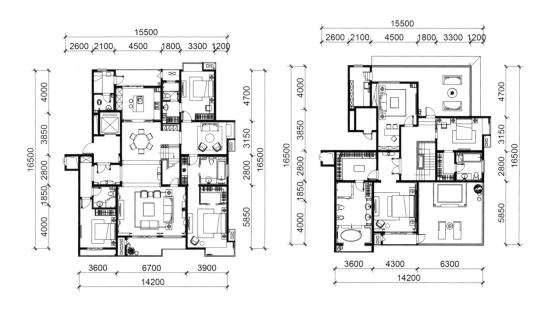

（b）优化后单体户型平面图

图 1-8　提高空间舒适度的实例

（三）提升空间美观度

在保证建筑结构完整性的前提下，使各个空间及设备得以合理有序的布局。如以下实例（见图1-9）。

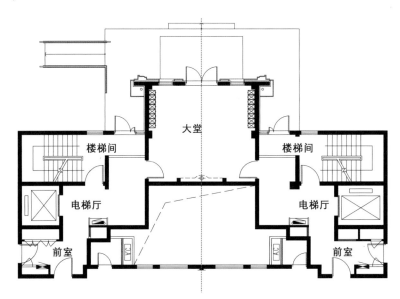

（a）原公共大堂建筑平面图

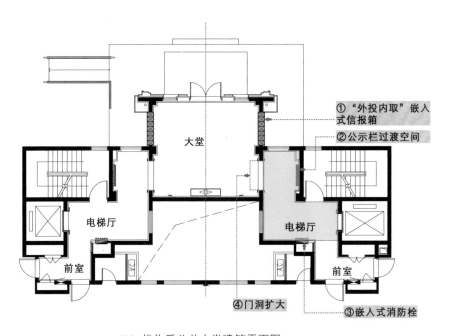

（b）优化后公共大堂建筑平面图

图1-9　空间美观度案例平面图

（四）提高空间灵活性

结合功能性需求，通过设计优化将固有空间进行创新，改善为灵活多用的可变空间。

图 1-10　空间灵活性案例原建筑平面图

前些年，随着限制房价政策的出台，很多楼盘推出"N+1"户型，中小户型的住宅产品可以通过改造阳台、改造飘窗等"偷"面积的方法加大空间使用面积和功能。近年有关住宅规范对于阳台面积有了新的规定，而且开发商也开始从追求土地价值最大化向关注居住者的人性化生活需求转变。前不久完成的一个住宅精装修项目给了我一些新的启发。有一个面积 140 m² 的改善型住宅户型（见图 1-10），鉴于营销需要，客户要求设计精装修交楼标准的同时也出一个创意交楼样板间的设计方案，这样可以让购房者能清晰可见这样一个户型空间具有灵活多变的优势，能够满足不同家庭构成的需求。对于这规整方正的空间即使不能够对原建筑结构进行改动，也还是可以有多种创新设计的可能，针对三种不同的改善型家庭，相应设计了三种方案（见图 1-11、图 1-12、图 1-13）。

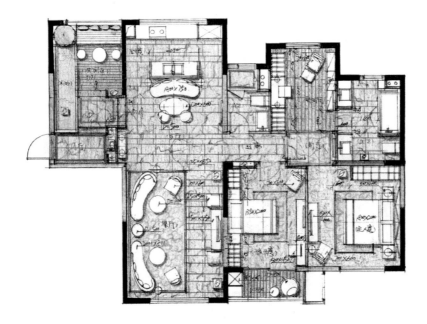

图 1-11 "2+1"平面方案图

"2+1"户型

当家庭结构为"2+1"——
爸爸、妈妈和子女的时
候，我们设计了一个带独
立书房的主人房和一个小
孩房。客厅与餐厅空间连
通使用，厨房空间可开放
也可独立使用。入户的空
间可以设计成休闲的入户
花园（见图 1-11）。

图 1-12 "2+2"平面方案图

"2+2"户型

当家庭结构为"2+2"——
两口之家和两位长辈的时
候，我们设计了一间主人
房和长辈的房间，还有一
间独立书房可作为未来
子女居住的空间。双卫生
间保证两代人居住互不干
扰。因为不需要考虑其余
家庭成员，入户花园可以
设计为供老人聊天或者年
轻人聚会的休闲场所（见
图 1-12）。

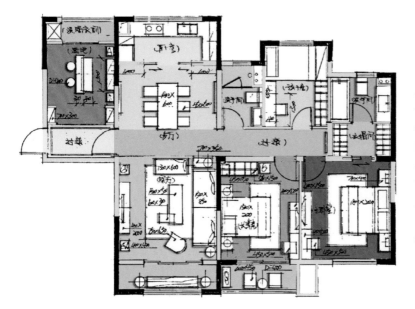

"2+2+1"户型

当家庭结构为"2+2+1"——三代同堂的时候，我们设计了带有主卫的主人房和长辈、子女的独立房间，除此之外还有设计一个带有衣帽间的多功能空间，可以作为客房，也可以作为娱乐休闲空间。双卫生间保证两代人居住互不干扰（见图1-13）。

图1-13 "2+1"平面方案图

最终客户只选择实施了方案三，此户型有很强的空间容纳性和多变性，可以适应不同居住者的要求，这就是开发商所推广的"百变户型"。本来是两代人居住的户型空间，可以通过小幅度的空间合并和拆分就能满足三代人生活的需求。户型设计同时将适合老年人居住特点的设计也考虑进去，让年轻人和老年人都适合居住，不但使居住空间灵活而且有效地降低了置业频率。

二、市场价值

（一）对开发商而言的市场价值

1. 为开发商节省开发成本，缩短开发周期，挖掘出潜在的利润。户型设计提前介入，保证建筑室内外水电管道系统预设一步到位，减少土建与装修的重复施工。

2. 增加开发商的产品竞争力。"看不看楼看广告，动不动心看园景，买不买楼看户型，满不满意看物管"，其形象地反映出户型设计的优劣是决定消费者购房欲望落地的至关重要的环节。在和中海等一线品牌开发商合作的过程中，尽管其户型已经相对成熟，但我们还是一直不遗余力地共同进行户型研发，力求做出更好的住宅户型产品，提升市场竞争力。

（二）对消费者而言的市场价值

1. 可使业主在不可复制的地域环境中，购买到更为美观实用、保值、升值的好房子。

2. 大大节省消费者用于二次装修改造所花费的时间和成本，同时消费者也能够享受到精装修集约采购所带来的装修材料及设备成品的实惠。

（三）对专业设计公司而言的市场价值

1. 用空间环保捍卫设计的价值。

2. 提升专业公司的品牌竞争力。

3. 自下而上对各个设计环节起到承前启后作用，促使各个专业的有效配合。户型设计对上能够为建筑设计、结构设计、机电设计、给排水设计甚至规划设计专业提供更为精细化的实用依据。对下可以为厨房橱柜、厕卫洁具等住宅物品提供更为合理的布局及安装位置。

▍三、人文价值

户型产品不但具备居住功能，而且能对不同居住人群表达一种潜在的人文关怀。关于户型产品的设计，设计师不能单一地停留在建筑规范层面，更需要理解不同消费群体的居住心理及需求，然后有针对性地对户型设计进行创新，通过寻求差异化而引领市场。

隈研吾的《十宅论》里轻松诙谐地将住宅分为十种不同人群的虚拟场所，虽说是一种假设，但是住宅样式的差异确实能够体现住宅主人价值观上的差异。我将其分成如下三种不同人群的居住需求分析，来表达户型设计与人文关怀之间微妙的联系（见表1-3）。

▍四、环保价值

好的户型产品能够有效减少空间浪费。增加空间的使用率，避免原本不必要的浪费，为居住空间提供更多的使用可能性。例如中国香港、日本等在这方面做得比较好，由于当地土地资源稀缺，迫使设计师们尽量充分利用任何有限的空间。在内地，尤其是一线大城市也会日益对此予以重视。

无论是毛坯房还是精装修房，都应做到土建与装修、设备与水电系统的预设一次到位。对开发商和购房者而言，可减少二次装修产生的人工及材料浪费；对居住环境而言，可减轻建筑垃圾负荷及噪音、空气污染。

表 1-3　居住分类及居住需求分析表

居住类型 人文表象	刚需型	改善型	奢享型
家庭成员	丈夫，31 岁，公司职员 妻子 25 岁，医院护士 儿子，2 岁	丈夫，38 岁，公司高管 妻子，35 岁，英语讲师 儿子，10 岁 女儿，6 岁	丈夫，48 岁，公司董事 妻子，40 岁，全职太太 儿子，18 岁，在国外留学 女儿，12 岁，中学生
居住需求	与父母居住于同一居室，方便老人照顾孩子	选择离工作地点较近的中心城区，可以节省大量交通时间，生活及购物较为方便	在城郊购买别墅或城区的大户型洋房，有自驾车往返工作与居住地点
行为特征	工作忙碌，时常加班	重视教育，喜爱阅读、旅游	追求生活品质
住宅特点	居住密度较高的高层洋房，经济小三房	社区环境较好，一梯多户的高层洋房 / 联排别墅	能体现身份的气派建筑外观，有私家花园
设计关键词	家庭和谐，功能齐全、合理	空间舒适有品位，追求适度的个性化与家庭的幸福感	奢华、高品质的生活追求，具有成就感、炫耀感
居住类别	小户型洋房、公寓 （面积 100 ㎡ 以下）	中大户型洋房 （面积 130 ㎡ 左右）	独栋别墅 （面积 300 ㎡ 以上）
基本功能特点	客厅与餐厅相互连通，公共空间与私密空间没有严格区分	高层四房结构，客厅、餐厅相对独立且空间较大	公共空间与私密空间完全分开，公共活动空间较丰富
特色功能	多功能房	入户花园、独立书房、独立式衣帽间	有独立的家庭厅、会客室，配双主人房、钢琴房、休闲露台等
特色设施	纳物空间的多部位灵巧设置	家庭视听设备等	影音、桌球、红酒储藏室、泳池等
户型关注点	房间多	衣帽间、主卧及相应配套设施	户内外公共空间的气派、豪华

第二篇 醒并行——户型大师之形成篇

第一章　治未病的"户型大师"　　　　　　　　　　/044

第二章　双优设计原则　　　　　　　　　　　　　/048

第三章　户型标准化　　　　　　　　　　　　　　/074

第一章　治未病的 "户型大师" ————————————

魏文侯问扁鹊曰："子昆弟三人其孰最善为医？"扁鹊曰："长兄最善，中兄次之，扁鹊最为下。"魏文侯曰："可得闻邪？"扁鹊曰："长兄於病视神，未有形而除之，故名不出於家。中兄治病，其在毫毛，故名不出於闾。若扁鹊者，镵血脉，投毒药，副肌肤，闲而名出闻於诸侯。"魏文侯曰："善。"

（魏文王问扁鹊——《鹖冠子》世贤第十六）

魏文王问名医扁鹊："听闻你家中兄弟三人都精于医术，那谁的医术最好？"扁鹊答："大哥医术最高明，二哥医术也很好，鄙人医术最差。"魏王不解："但为什么你最出名呢？"扁鹊解释说："大哥能在病情还未显出征兆之前就将疾病消除于无形，病人都不知道，所以只有我们家里的人才知道他的医术最为高明。二哥治病是在病兆初起之时就将疾病治愈，周围的乡亲都认为他只能治小病，却不知道如果这个病再发展下去就非常严重了，所以名声略比大哥多一点。而我一般是到了病兆明显或者严重的时候才知道病因，再运用药物、针灸等方法治好重病、难治之症，大家才都以为我的医术高明，所以名扬各国。"魏王顿悟。

▌一、"户型大师" 的概念

"未病先防、既病防变"，是中国医学文化中"治未病"[1] 思想的精髓，这也是我渐悟的启发点：当今住宅户型设计中出现的种种"症状"是否同样可以通过"治未病"的方法来解决？

通过总结户型设计理论和方法，不断寻求和验证怎样解决当前住宅建筑设计存在的问题，结合"治未病"的思想，我从中提炼出"户

[1] "治未病"最早源自中医著作《黄帝内经》，书中有三处谈及治未病，分别从防治和养生两个层面阐述了"治未病"的理论，即采取相应的措施，防止疾病的发生发展，其在中医中的主要思想是：未病先防，既病防变。

型大师"设计理念。我提出"户型大师"设计理念的目的是解决在现实中户型设计出现的各种问题，希望通过全新的设计理念和方法来引起住宅设计行业对于户型设计的关注和重视。

在实践中发现，很多项目浪费数以万计，但是投资者往往在最后的环节才发现，或者这次发现了而下一个开发项目又重蹈覆辙。早期自诩为专治户型"疑难杂症"的设计师，在反复实践的路上往往发现"病症"却无良药可治，因为每个项目开发都有其特殊性，大多只能将错就错，不了了之。而且，要达到治病效果所付出的纠错成本确实很高。所以，把户型做精做细，必须在源头上控制成本、节约成本，在销售上又能放大价值，尤其在当下地产行情低迷，市场信心不足，投资利润微薄的情况下，更显示出"户型设计"的重要性。

"户型大师"理念是一套全新的户型设计导向系统。指导户型设计各个环节，使之与规划、建筑及室内设计并行，相互弥补缺位，从而实现开发商、消费者及各专业设计公司的核心价值。

二、户型金字塔

在住宅户型设计及优化的实践中，我遇到过各种集合住宅[2]的户型产品。我的主要工作正是发现户型设计中存在的问题，并加以解决；我们反复对户型各个空间进行推敲，对各种户型进行改造，以期得出最佳组合。通过长期的工作积累和分析，总结出既有户型存在的"户型金字塔"现象（见图2-1），这是"户型大师"设计理念的理论基础。

"户型金字塔"是将现有户型产品进行分析、归类并分级的研究成果，内容如下：

第一级是存在设计问题的户型产品，即未经过精细化设计，不能满足居住者生活需求的、不合理的户型产品，或者不能体现居住品质的不完善户型。

[2] 集合住宅是一个比较宽泛、笼统的概念。广义的集合住宅是指在特定的土地上有规划地集合建造的住宅，包括低层、多层和高层。《中国大百科全书》中有"多户住宅"的概念，即"在一幢建筑内，有多个居住单元，供多户居住的住宅，多户住宅内住户一般使用公共走廊和楼梯、电梯"。集合住宅一词来源于日本，在不同的国家和地区有不同的名称，在中国香港有"公屋"这样类似的名词，在新加坡则有"组屋"一词等。集合住宅最主要的特点体现在居住者的居住形态上，集合主要是描述了若干个不同宗族的家庭共同居住生活在一栋建筑内的居住形态，它区别于以前我国社会普遍存在的家族聚居模式。集合住宅一般层数较高，密度较大，主要空间由公共空间和套型空间构成，它区别于别墅等一些独立住宅的形式。此外，它属于住宅，又区别于宿舍等非家庭集体居住的居住建筑。（百度百科）

第二级是经过优化的户型产品，即通过被动设计与完善后的户型。

第三级为"优先户型"产品，这些户型是受到高度重视，户型设计的专业团队在项目设计开始阶段就提前介入，通过充分深入反复设计推敲的户型。

第四级是经过标准化研发和设计的户型产品，比前三者更为成熟、更加先进，是可以复制和推广的"标准化户型"产品。

标准化户型	4 经过标准化研发设计的户型。
优先户型	3 受到高度重视并主动提前完善而设计出的优质户型。
优化户型	2 经过被动设计与完善的户型。
存在问题户型	未经过精细设计，不能满足生活需求，不能提高生活质量的问题户型。

图 2-1　户型金字塔

▌三、"户型大师"的设计切入点

反思当前的住宅建筑设计过程，各个环节的关注点几乎都在住宅产品的成本、价值、周期等因素上，但对于购买住宅产品的终端客户——消费者，他们的本质需求却没有受到足够的重视。户型大师设计理念就是源于终端消费者对住宅产品的本质需求，重视户型设计的精致性及个性化，其重点是让户型设计提前切入住宅项目产品的开发，把户型设计提升到战略高度，而不是被动地做些设计修改或调整的工作。

户型大师设计理念提倡户型设计的专业团队在项目策划、概念设计开始阶段提前切入，与策划营销、建筑设计、景观设计和室内设计等相关团队共同参与、沟通交流，使各专业设计能够交互进行，及时有效地解决存在的各种设计问题；同时消化设计任务、解决设计中出现的矛盾，避免后期实施过程中各工种相互牵制和制约而产生的反复，所以和开发成本的控制不相矛盾，我们从户型设计上去要价值，从节约成本与提升附加价值上着手，也就是通常所说的"开源节流"，反而缩短设计周期、降低开发成本。尤其在当今的微利时代，户型设计更具现实性及紧迫性。

如何发挥出设计的最大价值，一直是困扰我的问题。提高专业水平、专业素养毋庸置疑是必备条件，但是找准设计切入点、把握好切入时间则是能否实现设计价值的关键点。让户型设计提前切入住宅项目的开发过程中，房地产开发商的设计团队和各专业设计公司反复互动，从而实现开发商、各专业设计公司和消费者的核心价值。

一般情况下，房地产开发商自己的设计管理团队会承担起核心的战略管理工作，实现各专业设计公司之间，以及与开发商之间的顺畅沟通，搭建市场营销、建筑设计、室内设计以及终端消费者之间的桥梁，设计出优秀的住宅户型产品。通过对项目开发过程中传统的设计流程模式进行反思，"户型大师"进行了创新与补充、重新进行了整合，改进出新型的设计流程模式（见图 2-2），按照新型的设计理念指导户型设计如何提前切入，参与各阶段的设计工作，相互渗透、循环往复，从而实现开发商、消费者及各专业设计公司的核心价值。

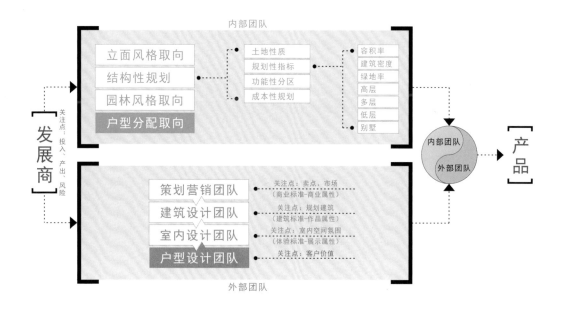

图 2-2 新型的设计流程模式

第二章　双优设计原则

　　户型大师理论体系基础——"户型金字塔"对户型设计及户型产品进行分级分析，让我们知道优秀的户型需要通过设计优化加以完善才能实现。住宅小区开发是一个综合工程，建设过程中涉及内容繁多，就如何实现设计的最大价值，户型大师提出了户型设计的"双优设计"原则，即在项目开发的不同阶段可以通过"既病防变"措施进行优化设计、不同的阶段通过"未病先防"措施进行优先设计，才能得到"户型金字塔"上部的标准化户型和优先户型产品，这是户型大师理论在实践中的指导原则。

▍一、"户型优化"设计原则——既病防变

　　户型优化设计是在项目开发进展到某一特定阶段开展的设计优化工作。设计师需要生活经验的积累，关注居住者生活的需求以及空间的尺度带给居住者各种层次的生活体验以及对生活的细致观察和思考，优化的户型方能获得开发商的首肯、赢得购房者的青睐，实现更好的经济效益和社会效益。

　　户型优化设计所要解决的关键问题就是在条件有局限的情况下，将既有的建筑室内空间布局进行合理地调整和完善。

　　户型优化，第一步需要分析客户的诉求，在优化设计之前，需要对市场进行调研、分析统计，了解客户的需求；第二步，和建筑师进行沟通互动，充分理解既有户型构成的来由和原因；第三步，分析既有户型存在的优点和不足；第四步，进行设计优化。以上过程不是孤立进行而是交叉联系的，一般需要经过多次反复。

（一）优化设计的阶段条件

1. 建筑设计方案报批完成；

2. 建设项目初步设计评审通过；

3. 建筑施工图设计完成并通过审核；

4. 建筑工程规划许可证已领取；

5. 建设工程施工许可证已领取，准备施工；

6. 完成土建基础部分分项工程的施工；

7. 建筑主体结构施工完成，非承重墙体未砌筑；

8. 外墙施工完成，不允许改动建筑外立面，室内管井可进行适当调整；

9. 室内墙体已基本完成，但室内设备管线未安装等。

（二）优化设计的范畴

1. 空间布局优化

1）原建筑户型室内功能空间的合并与拆分；

2）原建筑首层、标准层公共空间消防门及消防前室的调整；

3）入户大堂等公共区域合理化的划分及整合；

4）对符合规范但缺乏人性化设计的部位进行优化等。

2. 空间结构优化

1）户型室内墙体的移位及定位；

2）户型室内门洞位置的调整及定位；

3）户型窗体的调整及定位；

4）公共空间门洞位置的调整及定位等。

3. 机电设备、消防、管井布置优化

1）原建筑户型室内天花主灯位定位；

2) 原建筑户型室内强弱电布置的调整及定位；

3) 原建筑户型室内水位的调整及定位；

4) 原建筑户型室内管井位的调整及定位；

5) 空调室外机位置的优化；

6) 空调室内机的定点及管道的走向；

7) 户型供暖系统的定位；

8) 卫浴及厨房机电设备优化调整；

9) 公共空间设备合理化布局等。

4. 陈设布局以及储物空间优化

1) 室内移动家具的合理布局；

2) 室内储物空间的优化布局等。

（三）优化设计的方法论——"望、闻、问、切"[3]

户型优化往往受到诸多客观因素的限制，对于"已病"项目，我们需要在现有的条件下运用可行的方法找出病因、改善空间。结合中医的"望、闻、问、切"的诊病方法找出问题、对症下药，综合投资方及各专业公司的建议，对各空间进行优化。当然，优化过程会受到各方面条件的制约，有时候优化的成果也可能达不到预期的效果，但仍能为投资方节省大量时间、人力、物力成本，赢得可观的效益。

下文具体探讨治疗户型疑难杂症的路径与方法。

1. 望

对于已有各类住宅户型设计方案室内空间优化的设计，首先需要设计师从专业的角度把存在的各种条件进行审视，从宏观到微观依次分析各元素存在的问题；其次是要找出病症的源头，造成这些问题的源头很多：专业素养、时间、成本等因素，但归根结底还是

[3] "望闻问切"最早源于《难经》第六十一难。望而知之者，望见其五色，已知其病；问而知之者，闻其五音，以别其病；问而知之者，问起所欲五味，已知其病所起所在也；切脉而知之者，诊其寸口，视其虚实，以知其病在何脏腑也。

投资方或者专业公司的重视程度不够；再次，分清哪些"症状"是非原则性的"小病"能够医治，可以防患于未然，哪些"症状"是原则性的"重症"，已不能医治。"望"的顺序依次是：总体规划布局→单元栋楼之间的关系→首层入户空间→标准层→单体户型空间→户型室内各空间要素。

"望"就是发现户型的"症状"的各种缺陷和不足。户型常见问题的体现有：各功能空间的面积配比不合理、空间布局不紧凑等。各档次的户型有不同要求和特点，关键是需要满足各层面消费者的不同需求，如果各空间不能满足这些需求，则意味着有病症存在，这些"症状"的存在都会影响消费者的购房欲望。但是，对于大中小各档次户型的设计不能一概而论，以下对各档次户型做出具体分析。

· 面积 120 m² 以下的小户型属于刚需型户型，倾向于房间数量多、功能空间面积可小但使用要方便。主要诊断其房间数量是否合适，客餐厅是否太大，厨卫面积是否过大，是否存在走道等过渡空间的浪费等问题。

· 面积 120~180 m² 的户型属于改善型户型，对个性化要求较高，要求空间疏密有序。一般主人房衣帽间最好是独立的，厨房的操作台面需要加长，有对书房和多功能房的需求。主要诊断其客厅或主人房的景观是否好，有没有独立的主卫、主人房衣帽间，是否存在进深过大，户型面积虽大但公共空间浪费，缺少实际作用等问题。优化户型注意客厅、餐厅可以不做大调整，面宽做适当加大就行，做到功能空间布局特点突出或某个设计细节能打动消费者，不能简单扩大各空间尺寸而户型仍然毫无特点和优势。

· 面积 180 m² 以上的大户型，此类户型的居住者各方面相对很成熟，具备较强的经济实力，对各个空间的期望值也不同，需要考虑的因素更多，此类户型空间应做到合理的"浪费"，把舒适上升为享受，功能使用与美观需求并存。门厅、走道等公共交通空间要气派；起居空间要求划分为会客厅和家庭厅两个公私分明的空间，会客厅彰显主人的个性与爱好，家庭厅容纳家庭聚会与娱乐；厨房与餐厅要错开，中西兼顾；主人房要宽敞，个性十足，主卫功能俱全，而且景观视野一定要好，而对其他卧室的要求不需要特别强调；储藏纳物空间最好分类设置。如果设计师不能敏感捕捉到大户型居住者生活需求的个性化，即使各个空间的面宽、进深加大，缺少大户型消费者所追求的生活方式，没有个性化的附加功能，或者缺少他们彰显个人成就感的空间等，优化的户型也难以打动消费者的购房欲望。

总而言之，运用"望"可以找到"症状"的大致方向，找出设计的一些原则性错误和硬伤。这种"望"的能力要求设计师有较高的专业素养，对生活有细致的观察以及对空间审美有较强的理解力，深度理解居住者不满足居住现状的原因； 同时"望"的过程更需要设计师对项目整个定位有准确的认知，能够通过"望"理解开发商对市场、对营销的整体发展思维。

以上所述是"望"空间功能上的硬伤，实际上往往还会存在其他方面的硬伤。例如：相邻户型入户门、窗的位置是否影响私密性；门洞尺寸太小；剪力墙、框架柱的设置虽满足了结构设计要求但无法满足日后隔墙的调整；给排水、电气和暖通设备布置不合理，设备管井一旦改动，其他空间关系也要改动，不调整又难以满足功能需求等。

通过"望"找出这些设计上的硬伤，先圈注起来再进行汇总，分析有无改善的可能性、是大动还是小动？"治疗"的成本有多少？采用何种手法进行"治疗"？对多方面的利害关系进行分析，让各相关单位、部门知道某些环节存在的不利因素和问题。问题发现得越早，对于一般性的调整所涉及修改设计的重复工作量则越小，对进度的影响和增加的投资成本也越小，关键是优化的户型规避了这些硬伤，能够实现投资者、设计方和消费者三方价值的最大化。因而一般情况下投资方和专业设计公司都是乐意接受的。

户型优化设计自大堂、楼梯、电梯的设计开始，自入户门进入套内空间，套内空间构成的基本功能空间包括门厅、客厅、餐厅、厨房、卧室、卫生间等，以下详细分析各自的设计要素和基本设计尺度。

1）门厅

门厅是进入户内的第一个重要过渡空间，兼备出门和进门的临时逗留、更衣换鞋等行为活动，门厅空间和纳物空间根据户型大小而设定，门厅是整个住宅的"气貌"，由门厅空间的设计可推想居室全貌，感知主人为人行事之风。家具摆设以方便简洁为宜，单独鞋柜宽度一般不小于 300 mm，鞋柜与衣帽柜合用则宽度最好大于 500 mm；面积大于 150 m^2 的户型最好在临近入户门区域预留临时纳物和杂物空间，如鞋帽间、健身器材间等；门厅区域的墙面要预留好开关面板、配电箱和可视对讲设备的位置，避免与家具摆设相互冲突。

2）客厅与餐厅

客厅的功能是各种家庭活动和接待来访客人的公共区域，客厅的面宽相对比较灵活，尺度在 3600~4500 mm 之间，但是客厅的面宽一般最好不小于 3600 mm，毕竟客厅空间是家庭中重要的活动区域，要具备一定的较为灵活的空间来满足不同生活习惯的居住者个性化的生活需求。如果户型面积受限也可适当压缩。近年来，客厅和餐厅连通布局形式很常见，既有效节省面积，同时又能增强空间感，对于中小户型的空间布局非常适用。当然对于宽裕空间的大户型设计独立的餐厅空间，不但有浓郁的就餐氛围，喜欢西式餐饮的居住者还可以将厨房与餐厅连通使用（见图 2-3）。

（a）空间半独立

餐厅与客厅之间有过
道，空间通透，相对
独立。

（b）空间连通

餐厅与客厅空间连通，
面积有局限时可以相互
借用。

（c）空间独立

餐厅与客厅空间相对独立，占用空间
较大，但功能分区明确，后期各空间
可灵活改造。

图2-3　客厅、餐厅空间关系示意图

3）厨房

　　首先，厨房要保证良好的采光、通风。其次，厨房的空间布局应遵循"一远三近"原则，
厨房最好远离卧室、书房等私密、安静的空间以防止油烟、噪音的污染与干扰；一方面尽量
靠近入户区域，尽可能地避免穿行以保证家务动线短，尤其是对于雇佣保姆的家庭来说应与
工人房、清洁区等空间临近布置；另一方面厨房尽可能靠近餐厅区域，方便餐饮的传送和两
个空间的相互交流。再次，厨房是住宅户型中各种管线、设备、电器的"聚集地"，注意厨
房烟道井、水管井或其他设备管井的布局会不会影响到厨房足够的操作空间和储藏空间，对
于大户型的厨房空间一般是可以满足烹饪操作和储藏需求的，但是对于面积指标有限的小面
积户型，厨房的布局和尺度就要精心设计。例如，有的厨房可摆放灶具、清洁盆、冰箱基本
三件套设备，但是没有足够的操作台面，这种情况下就应考虑是否因厨房面积过小无法满足
基本烹饪、储藏等功能，或是布局否因不合理而影响到厨房空间的利用率（见图2-4）。

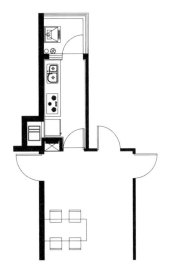

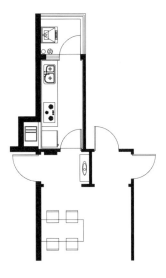

（a）厨房布局一   （b）厨房布局二

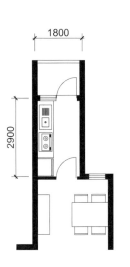

（c）厨房布局三   （d）厨房布局四

图 2-4   厨房空间利用率示意图

（a）厨房布局一分析
入户区域虽然有鞋柜功能，但是严重影响了厨房的空间使用功能。

（b）厨房布局二分析
划分出入户门厅区域，鞋柜的布局合理，不占用厨房空间，提高小户型厨房的空间使用率。

对于中小户型而言，在厨房开间、进深尺寸等同情况下有如下分析。

（c）厨房布局三分析
厨房具备三件套设备之外，可以满足基本的操作空间及储物空间。

（d）厨房布局四分析
厨房具备三件套设备及储藏空间，但是没有足够的操作台面。

（a）衣帽间和主卫功能布局一　　　　　　　　　（b）衣帽间和主卫功能布局二

图 2-5　主卧室区域布局示意图

4）卧室

卧室的布局在整个户型中要确保其私密性，所以要尽量做到公私分离、动静分离。卧室的开间和进深要合理，保证休息空间的舒适性和充足的纳物空间，主卧室应是卧室之中面积配比最大的空间。随着生活水平的提高，原来主卧空间的功能和尺度都已不足以满足现代生活的需求。储藏和享受的需求增加，单独衣柜难以满足纳物需求，居住者希望有更多纳物空间可以将各类衣物、鞋帽及配饰等物品分类保存，所以我们考虑设计衣帽间或者步入式衣橱。当主人与子女或者长辈共同居住时希望有更多的私密空间——独立的卫生间、纳物空间、书房、化妆间等，所以主人房区域的面积配比大大提高，面宽轴线尺寸应在 3600 mm 以上为宜。一般面积大于 120 m^2 的户型可以在主人房区域考虑衣帽间、主卫，以及预留主人房与相邻房间合并使之成为套房的灵活空间。如果处理好这几个空间的关系，不但能够灵活有效地利用空间，而且能增强主卧的舒适性与私密性（见图 2-5）。

次卧是相对主卧室而言的卧室空间,根据居住者不同的生活需求可以是儿童房、长辈房、书房、客房、保姆房等功能空间。所以次卧空间的面宽、进深及位置不能单从一种功能出发,要具备一定的灵活性。儿童房最好能够靠近主卧,便于照看子女。而青少年就希望有相对独立的、相对私密的空间,面宽大于 2700 mm。长辈房的位置最好具有良好的采光和通风条件以利于老年人的身心健康,而且空间尺度仅次于主人房,一方面要预留两张单人床的空间兼顾习惯分床休息的老人,进深不小于 4200 mm,面宽大于 3600 mm。如果能够满足以上几种空间的尺度要求,那么同样可以作为其他功能空间使用。

5)卫生间

卫生间同厨房一样,空间面积虽然不大,但是要综合考虑到管线、设备、采光、通风以及私密性,所以设计细节较多,设计难度也较大。所以,我们在处理卫生间与其他空间的组合关系时要注意综合以下几个关键点。

- 尽量保证自然采光与通风。

- 管线集中布置,而且管道井的位置应综合考虑排风、淋浴及吊顶的高度等因素,尽量设置在承重墙一侧,为日后空间改造预留一定的可能性。

- 靠近卧室区域,方便使用,但是要注意卫生间门的对视问题。

- 卫生间应有适当的纳物空间,考虑封闭和开敞纳物形式,以方便分类储藏各种生活用品。

- 卫生间功能细分,功能分离布局方便实用。三房及三房以上户型应考虑居住者使用的便利性。现在随着生活水平的提高,一个卫生间有时候已经不能够满足多个家庭成员使用的便利性,所以现在很多两房以上户型开始出现双卫、三卫,甚至有更大面积的户型能够做到每个房间都有套卫。如果面积受限情况下,可以考虑用功能分离的布局方式来解决(见图 2-6)。

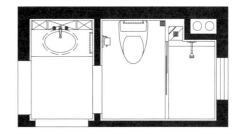

图 2-6　卫生间功能分离布局方式平面示意图

2. 闻

我们通过"望"掌握了整体户型的格局及存在的"硬伤",下一步则要运用专业知识来感知室内户型空间。

不少购房者关心住宅的风水,但 "风水"的概念很大、很深,作为专业工作者往往避免触及,专业风水亦各有所长,各有其理论;另一方面当前也存在着对于风水问题认识的各种悖论。如果不能客观地理解居住风水,反而会对居住者产生负面的心理影响。但是,作为专业工作者我们也  不能一味回避问题,在本书中我想借"闻"的方法来探讨一下工作中常遇到的一些有关风水的问题,粗浅的表达风水在户型设计中的理解与应用,本书采取不回避问题的态度以专业的眼光看待建筑住宅风水,仅为抛砖引玉。

中国的风水学是中国居住文化实践的积累和总结,对中国传统建筑产生了重大的影响。风水从字面理解是风加水,或者风生水起之源,其本质研究的是人与自然的关系,是现代居住环境学研究的范畴。"中国建筑的基本精神是和平与知足,其最好的体现是私人住宅和庭院建筑,这种精神不像哥特式建筑的尖顶那样直指苍天,而是环抱大地,自得其乐",这是林语堂先生对中国住宅建筑精神的描述。中国传统文化追求祥和与宁静,选择住宅就选择了我们一大半的生活轨迹,根本用意在于静默、养气、安身立命,这是对住宅除了基本遮风挡雨功能之外的精神诉求。"上古穴居而野处,后世圣人,易之以宫室,上栋下宇,以待风雨,盖取诸大壮",这是《易经》对住宅功能的描述。而户型设计就是运用物理学、美学、环境心理学来解释人与环境、人与空间之间的联系。而我们所谈的户内风水问题,只是从人与建筑空间的关系出发,以人性化的空间设计表达运用风水学来满足居住者的生理、心理需求,提升居住环境的舒适度。

好的户型必须采光和通风条件良好,能够兼顾人的基本居住需求与精神需求,一步入空间就会闻知愉悦、感知舒适。一个好户型要考虑很多层面的因素,涉及一栋建筑、一片小区规划。回到户型本身,要想达到户型的完美,必须处理好"动与静、公与私、主与次、干与湿"之间的关系。

作为专业工作者不仅要能够识别好风水、好户型,更要运用专业知识最大限度地去实现好风水、好户型。所谓的好风水就是为居住者提供一个美观、舒适、安全、便利的居住环境。下文结合户型大师的双优设计原则,试图探讨户型内每个空间风水的理解与应用,但不去深究风水学理论。这些都跟居住者的生活习俗、习惯、审美等息息相关,和住宅建筑设计规范各种规定的原理也相一致。

1）门厅

入户门厅是住宅的颜面，高度要保证2.4 m以上（可参照鲁班尺），宽度有条件的做1.2 m以上的双扇门，不建议用子母门，单扇门则要保证1 m以上，中国新年有贴对联的习俗，所以门两边可以考虑预留对称的墙垛。入户门要求大气、端正，忌正对电梯、楼梯。入户后门厅（玄关）是一个过渡空间，面积视户型大小而定。玄关符合中国人"喜回旋，忌直冲"的习惯，起到聚气、旺气或旋气的功能，它的存在避免了让客厅、餐厅直对走廊，让人一览无余。

2）客厅

客厅是住宅中引人注目且彰显个性的空间，既是待客也是家庭成员聚集的空间。在户型设计中要求空间方正，忌七尖八角、狭长或者呈不规则形状，无论户型大小均要保证南北通透，有自然通风和良好的采光。尽量保证客厅的沙发区和电视背景墙体完整，沙发区不应直对卧室门、厨卫门。

3）餐厅

餐厅是补气的地方，一般设置在较为隐蔽的位置，能够接近厨房；不适合正对大门，更不能正对卫生间门，避免卫生间污浊之气影响就餐环境；餐厅最好能够明亮通透、有直接通风采光。餐厅空间一般摆放长方桌、正方桌或圆桌，用圆形餐桌较符合中餐的饮食习惯。现在流行分设中西餐厅，如果空间足够大，还可以设计专门的早餐厅。

4）厨房

厨房乃生"气"之地——色香味俱全的烹饪来源于此，内设水火相济之物。整体位置一般适宜于安置在北方、东方、东南方、东北方。室内炉灶忌与入户门、卫生间门或走道正对；炉灶尽量不要设在西边，炉灶两侧应留有一定的距离，忌冰箱紧靠灶口或冰箱门正对灶具；厨房忌正对卧室门，油烟之气会污染居住环境；厨房的上方更不能设置卫生间。

5）卫生间

卫生间是现代生活中重要的组成部分之一，也是人类文明的高度体现。首先，卫生间位置应相对隐蔽，避免直对大门或者客餐厅，其位置不宜设在户型中心部位，容易污染其余空间，也不利于卫生间的通风采光。其次，在空间允许情况下，卫生间应考虑干湿分区。再次，要保证卫生间的自然通风采光。卫生间的通风采光因素在户型设计中尤为重要。卫生间门忌正对房间门，尤其是主卧门或者床，坐厕也最好不要直对卫生间门。

6）卧室

卧室是户型中非常重要的场所，承担着"补气、养气"之功能。"室雅何须大，花香不在多"，这是针对普通住宅的要求，不同面积的户型对卧室的需求不一样。卧室隶属居住者行为活动趋于"静"状态的空间，渴求在时光的流逝中静默，卧室风水强调尊重生命规律和自然规律，人生几近三分之一的时光在卧室中度过，所以卧室的舒适度要求是非常高的。

卧室要求空间方正，圆形、三角形、八角形平面如果未经过后期室内设计的装饰，不利于安宁、养气、养身。卧室对采光与通风的要求与其他空间亦不同，最理想的状态是床位南北朝向，与地磁引力相吻合，利于睡眠。窗朝东方、东南方或南方，每天能够迎接太阳，吸取自然界的能量。床是卧室设计的重中之重，开门忌直对床。床头之墙忌与卫生间墙共用，尤其是坐厕或下水管位，污水静音会影响睡眠。

7）书房

书房是现代住宅尤其是改善型住宅必须具备的个性化空间，除了读书以外还会成为中小户型的多功能房，承担部分聚会功能。书房的位置需要保持相对的隐蔽与安静，书房门不能正对厨厕。按民间风水说法，书房占据文昌位，厨厕之水火对文昌位会相冲。书房还要保证自然采光、通风和良好的视野，空间条件实在局限的情况下也可以摆放绿色植物或者悬挂字画。书桌不宜正对明窗，易形成"望空"而精神不易集中，除非书桌仅为装饰陈设。书桌宜前空后靠，形成一个安定的磁场，不宜摆在正中，会形成无依无靠之嫌，并且占据了中宫位。

以上列举了各个主要空间的"风水"在户型设计中要注意的地方，只是一些共性和部分生活风水的细节，因生活习惯的差异及个人需求的深度会有不同的风水要求，这里就不再逐一展开。对于一个专业工作者来说，重要的是要坚持"以人为本"，对人性予以更多关怀，以营造舒适、宁静的生活空间作为户型设计的目的。

风水蕴含丰富的生活的细节与智慧，前面所讲到的"气"就蕴藏于各个空间之中，它存在却看不见摸不着，时刻影响着我们的生活。我把户型各主要空间、各元素以"气"的概念来描述如下：

- 房门："气穴"。房门是通往室内的气流总阀，向各个空间输送气流与能量，开关闭合，平衡和谐。

- 窗户："气脉"。窗户即使互不相照，也能自成呼应，无形中串结起居行为的气流脉络。

- 玄关："气貌"。玄关是回家的第一道仪仗，由玄关的设计即可推想居室全貌，更可由此感知主人为人行事之风。

- 客厅："气势"。每个客厅都凝聚着独特的气场，置身其中，主人的性格与喜好即刻了然于心。

- 阳台："气色"。阳台拥有着宽阔的视角，为全家采撷四季的第一缕阳光，活色而生香，生活因此而明亮。

- 主卧："气宇"。私人空间往往是内心最真实的投影。卧室也往往能折射出主人恢弘的精神世界。

- 客卧："气质"。客卧体现的是主人的待客之道，客人所感受到的，不仅是主人的气质，更是主人的用心。

- 卫生间："气道"。卫生间为全家人提供独享私密空间，道通则气畅，尽情享受身体的放松与舒展。

- 厨房："元气"。厨房是提供全家人能量的动力源泉，用大自然的精华烹饪一室温馨，幸福人生由此开始。

- 衣帽间："气相"。衣帽间设计作为主人品貌与仪相的烘托，彰显主人气派人生，并诠释生活细节的舒适之美。

- 家庭厅："和气"。家庭厅内亲情洋溢，其乐融融，温馨互动，共享天伦，愉悦品尝美妙的生活滋味。

- 影视厅："生气"。无论网络游戏、经典电影抑或家庭卡拉 ok，影视厅内的无限欢乐与生气，使工作的疲惫与烦闷烟消云散。

- 儿童房："朝气"。感动于那些童心、童真、童趣，一个童话王国，让家庭未来的希望在此茁壮成长。

- 储藏间："气量"。居家储藏与空间造景兼得，收藏生活每个细节，体验来自家的修养与包容。

- 书房："灵气"。书房，是修身养性的文雅之地，宁静致远的静态空间。翰墨馨香，滋润心灵，成就精英人杰。

- 会客室："气度"。宴客聚友，品茗对弈，谈笑风生，尽显主人豁达尊贵气质，生活豪然气度。

- 走廊："气流"。空气和缓流通，清风自由流淌。尽享清新畅快呼吸，生活动线畅达自如。

3. 问

通过对户型的"望"了解户型整体空间格局的优劣，对户型的"闻"掌握各区域空间是否符合人们生活的基本常识、是否与环境相适宜。发现了问题，还只是查出症状，造成问题的原因——问题的"根"还没找到，"找到了根"，还需要知道能否解决这些问题，因为开发商是否愿意花费时间和成本、付出代价去刨"根"。

"户型优化"的双优设计原则指出，各阶段的问题户型都可以进行设计优化，但在实际工作中，设计方与项目管理方对户型优化需要的基本信息的认知都不够完整，项目管理方往往没有把项目定位信息、项目进展情况等条件告知清楚，就要求设计方着手展开工作，或者说从户型优化的角度去提参考意见。如果设计方对于户型设计的阶段性以及户型优化的可行性认知不到位，马上就着手户型优化工作，最后交给开发商的优化成果基本得不到落实，设计方常常因此白白花费时间和精力。所以这就需要去"问"，也就是通过深入的、全方位的沟通来了解，以便准确地掌握完整的第一手信息。具体有如下步骤。

1）收集信息

基本信息分为两类：项目定位信息、项目进展信息。项目信息收集方式可以通过电话询问、填写咨询表格等方式从投资方和项目管理方获取，也可以去项目现场实地考察，加以记录、整理。

- 项目定位信息

项目定位信息包括销售的潜在消费群体的定位，是刚需型、改善型还是奢享型？初定售价多少？在该区域整体项目开发中的定位档次……这些有助于判断我们前面所探讨的"望"和"闻"查出的症状是否正确，包括户型结构、户型建筑面积等，了解到所优化的户型后期是否需要做交楼标准设计等。

一般来讲，与毛坯房相比较，做交楼标准装修（简称精装修）更加依赖于户型优化，因为毛坯房交到业主手中后毕竟还可以在装修时改造，在销售的过程中也可以通过后期"个性化调整"去弥补户型设计不足的缺陷。但精装修的户型就完全不一样，无论从经济、功能、美观或者环保等各个角度，都必须一次到位，稍有不慎将对后期的销售带来极大的难度和不可估量的经济损失。往往一处微小的设计优化都可以为投资方节省几百万甚至上千万元，或者有可能因此而增加该户型数百万甚至数千万元的销售价值。一面墙、一个开关、一个插座、一个下水道、一根梁等都对户型的优劣起到关键性的作用，这更加体现了"户型优化"的专业价值之处。对于这一点的认知，只有经历过重大损失（指不注重户型优化）或者得到过很大收益的投资方才有深刻的体会。

- 项目进展信息

收集完整准确的项目进展信息，可以帮助我们详细了解项目建设当前的具体情况。户型优化与开发商的相关部门、设计院、土建施工单位进行全方位的沟通，拿到准确有效的项目进展信息，接下来与项目管理方沟通了解项目整体的建设进度和销售计划，尤其是销售节点。为了赶时间而不惜代价的案例比比皆是，有的项目即便户型差，为了赶上销售旺季也只能匆匆上马，因为时间节点对销售来说太重要了，再好的优化户型也不能影响销售进度。所以户型优化与项目管理方需要倒推时间来确定户型优化的范围、深度和时间节点，确保设计周期不会改变原定的销售计划和目的。

2）分析信息

对于收集到的完整的项目定位信息和进展信息我们需要与项目管理方一起进行分析，对于形成当前局面的原因有准确的认识。导致这些"症状"的原因，有可能是营销的意见，有可能是建筑规划的原因，有可能是结构设计的要求，也有可能是投资人的个人判断及个人爱好，还有可能就是这个项目的其他特殊要求，例如政府政策的原因、市场偏好、规划设计条件限制等，了解并分析这些信息，以方便"对症下药"。

4. 切

通过"望"、"闻"、"问"，综合分析出症状所在，我们对已有户型的优劣有了正确的认识，对存在的问题——"症状"做出准确到位的分析，和开发商取得共识。接下来对有"症状"的户型着手进行调整，也就是户型优化要展开的实际工作——"切"。优化调整遵循"局部改造，不伤整体"的原则，不能顾此失彼。既要顾及使用的功能性，又要考虑

到各专业、各工种的特殊要求，更要考虑不同层次居住者的特点，除此以外还应考虑到成本的节约、销售环节的畅通。这要求设计师具备扎实的专业知识、丰富的生活体验以及对市场全面而准确的认识。

户型优化涉及调整的范围有：营销定位、空间布局、结构布置、机电设备布置、室内

陈设等，调整的内容很多，一切按照"局部服从整体，微观服从宏观"的方针开展工作。

在户型优化的过程中不能盲目追求完美，应尽可能尊重已有的户型设计，存优去劣，一般情况不要全盘推翻原来的设计，偏离原有营销策略。要满足规划条件包括容积率、建筑密度、绿化指标等，更要保证原有营销计划的圆满实施，避免造成更大的浪费。我曾参与杭州某楼盘的户型优化工作，由于前面多家建筑设计公司屡次调整设计仍达不到开发商的要求，因此给予我们的条件很优惠，甚至增加户型面积都没问题。完全按照营销的指导意见进行了多次调整，户型面积越调越大，开发商对户型优化很满意，但逐步脱离了项目原来的定位，给日后销售增加了难度。

通过对户型常见问题进行分析，每个项目不同功能空间其"症状"轻重表现不一样。对于问题不多——"症状"较轻的户型，只需通过简单的设计方法进行调整处理，如墙体偏移、门洞移位或缩紧或扩大面宽或进深等。针对问题多——"症状"较严重的户型，则由外而内、由大到小进行整体调整，可从公共空间、建筑外立面、建筑外窗等方面着手调整。无论症状轻或重的户型，都需注重公共空间以及室内设备位置布置，涉及部位虽不多，但往往隐蔽性很强，不易发现也不好处理，容易引出诸多问题。

实际工作过程中"切"的方法和步骤（本节内容可结合第三篇项目实例相关章节阅读）：

· 用红笔圈出原有户型上的各种不合理的问题并形成文字报告，红圈勾勒的区域——"症状"必须符合当前项目的实际情况。

· 对红圈勾勒的区域与项目管理方从专业的角度进行讨论，经过评估达成共识，确定需优化的范围。

· 对需优化的范围——存在"症状"的部分进行调整，拿出优化后的初步方案。

· 把初步优化方案中调整过的部分用不同颜色标示，和原户型方案放在同一处进行对比，让开发商一目了然，评判前后设计的优劣，以此作为开发商、项目管理方是否采纳优化成果的判断依据。

· 经过讨论并修改，确定最终优化方案。

户型优化设计不仅仅包括平面图的调整工作，尤其对于后期需精装修的户型，要进行"户型天花设计"、"户型灯位设计"、"户型强弱电设计"等一系列工作，读者可参考本篇第三章"户型标准化"的相关内容。

▌ 二、"户型优先"设计原则——未病先防

　　户型优先设计提倡户型设计与居住区的规划、建筑设计同时进行，相互推进。因为整体规划的设计思路很大程度上会影响到户型设计的方向，而户型设计反过来会从居住者生活需求的层面为总体规划提出具体的合理要求和建议，使得整个住宅开发项目的定位更加准确（见图 2-7）。在有效互动的设计过程中，不但能够找到最佳的解决办法，而且可以提升项目的整体品质，节省开发建设成本。

图 2-7　户型设计与规划的关系

（一）优先设计的阶段条件

1. 项目策划开始，项目建议书未编制；

2. 可行性研究报告未编制；

3. 土地购买之前；

4. 建设用地规划许可证未申报；

5. 规划设计方案形成之前；

6. 建筑设计方案未确定；

7. 建设项目初步设计未评审；

8. 施工图设计未完成；

9. 建筑工程规划许可证未申报；

10. 建设工程施工许可证未领取。

（二）优先设计的范畴

1. 从整体营销策划角度，优先提出合理化建议

1）符合该项目定位的室内建筑设计合理化意向概念；

2）符合规划要求、市场需求的合理化户型设计案例；

3）建筑室内设计风格的合理化建议；

4）住宅小区会所、销售中心的室内建筑功能空间的合理化建议。

2. 从功能布局角度，优先对空间布局进行改造和设计

1）各户型各功能空间面宽、进深、面积配比优先设计；

2）地下层、首层、标准层公共空间的规划布局；

3）单体建筑的户型组合的规划布局。

3. 从建筑外观与室内使用角度，优先调整结构

1）户型外墙、内墙的墙体移位及定位；

2）户型建筑门、窗的布置及定位；

3）地下层、首层、标准层公共空间外墙、内墙的墙体移位及定位；

4）地下层、首层、标准层公共空间建筑门、窗的布置及定位。

4. 从设备安置的功能性和美观性角度，优先对机电设备进行定位

1）户型室内管井位的调整及定位；

2）户型卫浴及厨房机电设备优化调整及定位；

3）户型室内其他用水位置的调整及定位；

4）户型室内强弱电布置的调整及定位；

5）户型室内天花主灯位定位；

6）户型空调室外机位置的优化及定位；

7）户型空调室内机的定位及管道的走向；

8）户型供暖系统的定位；

9）地下层、首层、标准层公共空间水电设备、消防设施及管井的布局。

5. 从居住者的生活需求出发，优先考虑家居的陈设，优先设计储物空间

1）室内移动家具的合理布局；

2）室内储物空间的合理布局。

（三）优先设计解决的问题

户型优先设计需要解决的问题很多，结合户型优先的项目经验，针对户型优先设计我从以下几个方面着手发现并解决问题。

1. 平衡容积率

项目地块能否取得较高的利润和容积率是有直接关系，住宅项目开发过程中会遇到高容积率与居住环境的舒适性之间的矛盾，但是单纯为了高利润而降低住宅项目的配套公共设施和绿化等指标，那么项目的整体品质可能会随之下降，最终会影响到实际营销。所以，需要采用一定的方法来平衡容积率和户型设计：

1）设置一梯多户的塔式集合型住宅。因为两梯六户以上的高层塔式住宅容积率相比较板式住宅要高，有利于节地，可以在整体地块规划中的合适位置考虑布局几组塔式高层住宅楼。

2）加大单元楼栋的进深。这相对于板式住宅而言，板式住宅较为重要的就是日照，在楼栋间距不变的情况下适当加大进深，能够有效地满足容积率的要求。

3）重视单元楼栋的边户设计。适当对端户进行多样化的设计，加大户型面积或者增加户型，不但可以满足容积率的要求，同时可以增加户型的多样化。

4）在容积率高难以满足时，可以通过变化楼栋的组合方式，利用板式和塔式住宅的组合解决建筑间距的限制。因为东西向的单元楼对于其他楼地日照影响较小，设计可以利用这一特点将板式建筑和塔式相结合布局，组成半围合的形态。

2. 保证建筑风格及楼栋外观的整体美观性

楼栋的外观设计是住宅规划设计的一个重要组成部分，因为小区的建筑风格以及楼栋外观的美观性能够体现出住宅小区的整体的品质。为保证外观和户型设计"表里如一"，在户型设计及组合过程中要有一个整体概念，结合外观的风格定位，然后调整户型的开窗位置、阳台的虚实形式、空调外机的摆放位置及丰富立面效果的局部调整。

3. 自然通风和采光

良好的通风采光条件等要素不但是消费者选择户型的关键因素，同时对于可持续发展也有非常重要的意义。节能的概念并非只有高级设备和高成本才能实现，在建设成本有限的条件下，如果在户型设计和整体规划方面提前考虑，保证南北通透，有效的利用天然的日照和通风优势资源，也可以实现有效节能。

4. 楼栋合理的面宽和进深

户型的面宽和进深是户型设计的重要指标，也是规划设计的重要参考指标，户型的面宽尺寸决定了规划布局的方式，需要结合地块特征、整体规划和项目定位选择合理的楼栋面宽和进深。在户型设计尚未做到精细化设计程度时，主要靠单元面宽控制初步规划，因为住宅各房间开间之和为户面宽，户面宽之和为单元面宽；大面宽户型的组合采光、通风成为优势，但是不利于规划节地。户型面积一定的情况下，适当加大进深可以减小面宽，可以增加户数和建筑密度，提高容积率，有利于节地，但是户型内中部空间的采光、通风条件较差，室内空间的舒适性相对会降低；加大进深也有利于节能，因为加大进深可以减小外墙面的面积，减小体形系数（建筑的外表面积与其所包围的体积之比）减少外围护结构传递的热量。所以面宽和进深是相互制约的，只有适当平衡两者才能提高整个项目的土地利用率和户型的价值。该案例通过适当压缩面宽尺寸达到平衡容积率的目的（见图2-8）。

5. 合适的建筑层高

我国的《住宅设计规范》（GB 50096—2011）规定，住宅层高宜为2.8 m，卧室、起居室（厅）的室内净高不应低于2.4 m。层高因为与住宅开发的建设成本紧密联系，根据相关研究资料显示，一般的混合结构的住宅中，层高每降低100 mm，造价可随之降低1%~3%；降低层高缩小了整体建筑的高度，也缩短了建筑之间的间距；降低层高缩小了建筑物的体积，有利于建筑节能。似乎可以得出结论，降低层高意义非同小可，只要保证合乎建筑规范的范围内，层高越小越好。但是，具体问题具体分析，随着人们经济收入的提高住房的净高应该有所增高，按照户型优先设计的原则建议：采用分体式空调的普通经济适用房层高宜为

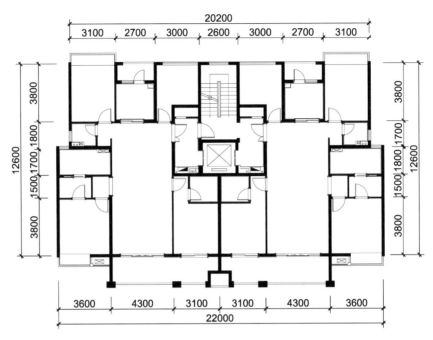

（a）原建筑平面图

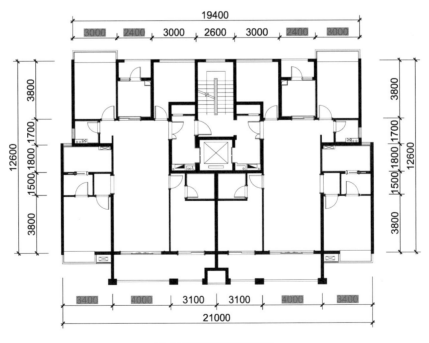

（b）面宽压缩后平面图

图 2-8　户型优先设计与进深、面宽示意图

2.8 m; 舒适性住宅户型的层高一般控制在 3 m 左右，主要使用空间的净高在装修完成后应该保证不低于 2.6 m; 部分定位为高端住宅项目，采用中央空调系统时，层高不宜低于 3.3 m。

6. 楼栋形式的选择

目前，集合型住宅建筑楼型有板式、塔式、连廊式和板塔结合式等，主要以板式建筑和塔式建筑为主。不同的住宅的建筑组合形态具有各自的特点及适用性，所以要做好"户型优先"设计工作，我们需要熟练掌握和灵活运用相关的基本要素。

板式住宅内容涵盖范围较宽，体型扁长的建筑可以统称为板式建筑，外廊式住宅、连廊式住宅和板塔式住宅都是一种变异的板式住宅，不同的板式住宅有着不一样的特点和适用性。通过《板式、塔式、连廊式、板塔式住宅对比分析表》（表 2-1），我们知道板式住宅居住舒适性强，优势明显，因此，板式住宅基本成为目前住宅市场的首选。国内板式住宅则以每单元两户和每单元三户为主流产品，也有部分每单元四户的板塔式住宅和连廊式住宅，不同的组合形态具有不一样的特点及适用性。通过《板式住宅对比分析》（见图 2-9）对较为常见的板式住宅建筑不同单元组合形式各项因素的对比分析，可以知道各自的优劣性，有助于我们在规划设计基础上，根据单元组合关系选择合理化的楼栋形式，进而确定户型空间布局。

7. 平衡各类型户型配比

户型优先设计的目的是推动住宅项目的开发，最大程度地实现设计的价值以及开发商、消费者的价值。开发商期望实现最大利润的前提是楼盘要受到市场的广泛认可，如果单是从开发商的利益角度出发做高容积率住宅小区，会导致部分单元的户型存在朝向问题、位置等不合理的问题，最后造成好户型售罄，问题户型滞销的尴尬后果。这不仅仅影响到整体楼盘的市场认可度，而且会拖延销售进度。因此，在整体规划阶段就应该结合户型设计，考虑到各种类型的户型配比，不同位置户型的均好性。如果实在因条件限制导致个别户型有缺陷，可通过规划整体布局、景观或者其他配套设施进行弥补，达到各种户型优势均衡，保证开发商、消费者的价值共赢。

表 2-1　板式、塔式、连廊式、板塔式住宅对比分析表

单元楼栋形式	合住型	居住型
板式	1. 住区空间视觉效果通透； 2. 户型采光通风良好； 3. 入户交通路线便捷； 4. 边套户型可变性大，利于楼栋形体及户型的变化； 5. 每个户型的均好性平衡。	1. 单层户数少； 2. 单元面积受局限，容积率较低； 3. 进深小，建筑体形系数较大，不利于节能。
塔式	1. 节地，容积率高； 2. 公共空间的空间利用率高； 3. 楼栋与楼栋之间布局形式灵活。	1. 户型的采光均好性不平衡； 2. 容易形成纯北向户型； 3. 容易形成对视问题； 4. 户型的通风效果受局限； 5. 容易形成日照自遮挡。
连廊式	1. 适于小户型的组合形式； 2. 容积率大； 3. 楼电梯资源节省，容易满足消防要求； 4. 建筑造型处理有特点。	1. 长廊式的走道的公共空间面积较大； 2. 通风条件有限； 3. 私密性较差； 4. 容易形成无法对外开窗的厨房或卫生间房间。
板塔式	1. 每单元三户可以保证 2 户南北通透，中间 1 户纯南向，阳光充足； 2. 每单元四户及以上的，容积率高； 3. 公共空间面积较小，空间利用率较高。	1. 中间户型通风较差； 2. 每单元四户以上的楼型，因为户数多，楼型局部凹进位置户型的采光条件较差，可能产生纯北向户型； 3. 户数多的情况下，南北向面宽有限。

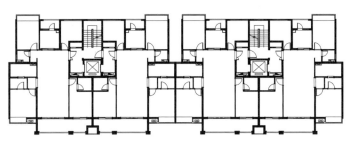

（a）每单元两户

公摊面积大。
单元总面宽大，进深小。
单层户数少，容积率低。
采光、通风条件好。
无对视问题。

（a）每单元两户

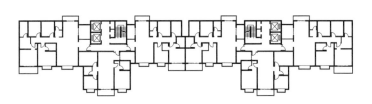

（b）每单元三户

公摊面积大。
单元总面宽小，进深大。
容积率较高。
纯南向户型的通风无优势。
存在对视问题。

（b）每单元三户

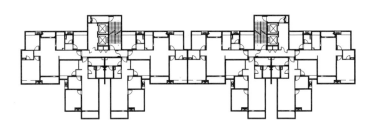

（c）每单元四户

公共空间利用率高。
单元总面宽小，进深大。
容积率较高。
凹位处户型的采光无优势。
存在对视问题。

（c）每单元四户

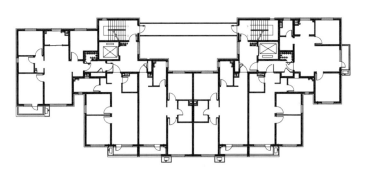

（d）连廊式

消防疏散有优势。
单元总面宽小，进深大。
容积率较高。
中部位户型通过采光中空位。
中部位户型会存在对视问题。

（d）连廊式

图 2-9　板式住宅对比分析

8. 合理分配户型内功能空间的面积

同样的套内面积有不一样的分配方式，使之合理好用需要设计师来实现。户型优先设计的面积指标比例的分配需要研究当地经济发展状况，了解目标消费者的生活需求、家庭成员构成、生活所需功能、日常生活习惯等，在此基础上对户型进行分析与设计。我们主要以中等收入水平的居住群体为主要研究对象，对 50~150 m^2 的户型各功能空间的面积配比加以归纳（见表2-2），供大家参考。

表 2-2   50~150 ㎡户型各功能空间面积配比参考表单位（㎡）

空间	门厅	客厅	餐厅	厨房	公卫	主卧	主卫	次卧	多功能房	生活阳台	景观阳台
面积	2 ~ 5	16 ~ 30	6 ~ 15	5 ~ 9	2.5 ~ 6	12 ~ 25	2.5 ~ 9	9 ~ 13	7.5 ~ 9	2 ~ 5	4.5 ~ 8

大户型需要保证舒适度，突出豪宅特点：有像样的入户门厅，客厅大，餐厅独立，卧室3~4间，主卧带卫生间和更衣间，1个以上的客用卫生间，厨房不能小，最好结合保姆间，2个以上阳台或者阳光房，有步入式储藏间等。小户型则应该在面积有限的前提下有所取舍，保留必需的使用功能。一般中型户型各功能空间应该有合理的面积分配比例，不应单一过分强调而加大个别功能空间的使用面积，而应整体平衡，合理分配空间面积。精心设计这些空间，可以大大提升户型的使用价值。例如，对于建筑面积约 90 m^2 的二房户型，在户型空间面积较为紧凑的条件下，餐厅和客厅两个空间可以考虑连通设计，既节省户内空间面积而且空间通透，便于使用。再如建筑面积约 120 m^2 的三房户型，各房间面积适中即可，客厅、餐厅面积可以考虑适当增大以加强舒适感，厨房空间则可以灵活设计，把储藏、烹饪、吧台、用餐功能等功能进行合并或者拆分。另外，阳台功能是我们在户型设计中容易忽视的功能空间，阳台除了具备半户外的景观功能之外，还有很多功能，当前的设计将景观阳台和生活阳台进行区分，景观阳台作为休闲的空间，而生活阳台用来解决洗衣、清洁及储藏杂物等生活问题。

9. 合理布局单元公共空间

住宅楼栋单元由户型和公共交通空间组成，要做好户型优先的设计工作，需要结合不同地块特点和规划条件从而运用不同的设计方法，熟练掌握和灵活运用公共空间与户型的组合方式进行合理安排，尽量减少公摊面积，提高空间利用率，提高得房率。公共空间的门厅、楼梯、电梯、管井、强弱电布置位置容易受到忽视，造成的问题后期精装修难以处理，直接降低了户型的整体品质，减少了户型销售的附加值。强弱电箱与鞋柜的关系、可视对讲的位置、下水道的设置、厨房排油烟井、煤气管道、插座开关的布置都会严重影响户型的品质。还有空调的室内机、室外机以及冷凝水管的布置方式和位置，既需要保证制冷制热效果又要保证使用的舒适度，更要结合功能使用要求注重美观度，不能破坏建筑外立面设计的统一性。

10. 保证户型的私密性

各户型之间的私密性一般体现为户型之间的对视问题。在单元楼栋组合时，无论哪种形态的高层住宅都可能存在空间对视问题。所以要适当处理户型与户型之间的组合位置和距离，例如，平面有凹槽的高层住宅，其凹槽的开口宽度不应小于 2400 mm，凹槽的深度与宽度之比不要大于 4，以保证户型空间私密性，同时应该选择适当的开窗的位置和方式。

除以上因素之外，我们还要综合考虑当地的经济发展情况、地域人文特点、气候条件、家庭成员构成以及生活习惯等因素。目前，有少数开发商对户型的重视是建立在曾经遇到项目的重挫之后的反思和对这一问题的积极探索。但是大部分开发商还没有对项目操作过程中存在的矛盾引起重视，所以更需要专业的户型设计团队主动地引导和合理化地建议，做到未病先防，以求出品优秀的户型产品——"户型金字塔"上部的标准化户型，达到开发商、专业设计公司、消费者乃至地方政府等各方面的多赢局面。

第三章　户型标准化

成套房屋的建筑面积由套内建筑面积和应分摊的公用建筑面积之和组成。对于消费者而言，增加户型套内建筑面积减少公用建筑面积是决定购房的重要因素；对于开发商而言，达到盈利、满足市场需求是永远追求的目标。如何达到二者的平衡，是设计师必须研究的。

从前文我们知道，在户型大师的"户型金字塔"中，置于塔顶的住宅产品是标准化户型，标准化户型是户型优先和户型优化设计经过千锤百炼而得来的成果，经过了市场验证、经过了消费者体验。其中精装修对户型的标准要求更高，户型标准化（包括精装修）形成后，对不同区域开发的项目可实现快速的产业化复制，节省了各种人力物力资源，加快了开发进度，节省了开发成本。所以，户型标准化不但是开发商的重要目标，也是户型大师价值的重要体现。从多年的实践中，我们总结了标准化户型的一些基本情况，归纳为《户型标准和精装修标准参考表》（见表2-3），期望为欲走标准化路线的业内人士做参考。

█ 一、户型标准化之"挂档"

根据消费人群分类，针对不同的户型标准制定相应的设计"挂档"级配，这种户型标准化我们可以形象地描述为"挂档"式设计。所谓户型标准的"挂档"，即对各种不同面积的户型进行分类，紧密关联精装修标准、装修成本和用户群体。

- 户型精装修标准 = 户型标准 + 精装修标准

- 公共空间精装修标准 = 首层大堂、标准电梯厅、地下电梯厅的空间标准 + 装修标准

- 单体建筑精装修标准 = 各种户型精装修标准 + 公共空间精装修标准

表 2-3　户型标准和精装修标准参考表

挂档标准	户型标准		精装修标准	
	面积（㎡）	户型构成	装修成本（元/㎡）	主要配置
一档 刚需型	60～95	两房两厅一卫 两房两厅两卫 三房两厅一卫 三房两厅两卫	800~1000	瓷砖/复合木地板、乳胶漆墙面 局部天花吊顶 基础厨卫 少量的纳物空间
二档 改善型	95～160	两房两厅两卫 三房两厅两卫 四房两厅两卫 四房两厅三卫	1000~1500	局部石材/品牌瓷砖、实木复合地板 局部墙纸/乳胶漆、局部立面造型 品牌厨卫 局部天花吊顶 适量的纳物空间 分体空调或暗藏式天花风管机空调
三档 享受型	160～220	三房两厅两卫 四房两厅两卫 四房两厅三卫	1500~2500	石材/高档瓷砖、品牌实木复合地板 局部墙纸/品牌乳胶漆、多部位立面造型 多部位天花吊顶 高档厨卫 较多的纳物空间 VRV空调/暗藏式天花风管机空调或分体空调
四档 奢华型	220 以上	四房两厅两卫 四房两厅三卫 四房三厅四卫 五房三厅四卫	2500 以上	石材/高端瓷砖、品牌实木复合地板 多部位墙纸/品牌乳胶漆、多部位立面造型 多部位天花吊顶 名牌整体厨卫 充足的纳物空间 VRV空调设备

备注：以上数据资料仅限于普通高层住宅户型，不包含公寓式住宅及别墅。

　　通过与各地不同类型的房地产开发商合作，一起探索市场的同时，我也在潜心研究户型，深感能够真正走到户型标准化实属不易。自 2004 年至今在与中海各地产区域公司研发各种精装修标准及户型标准，收获了大量的实践经验。从单个开发项目的户型单体交楼标准设计到各档次交楼标准设计的推广，然后经过各区域标准化户型单体设计标准化的推广，发展到各区域建筑单体楼型标准化设计及精装修交楼标准化的推广。根据不同的区域、不同的需求、不同的人群进行"挂档式"的设计，真正做到既有效控制成本又加快项目开发进度，实现开发商和专业工作者的价值最大化。

　　"挂档式"设计是我多年通过与发展商合作总结出的一些经验和心得，当然，各个公司有不同的发展历程、不同的经营理念和操作模式，而且专业人员的素质也有差异，开发的项目类型也不尽相同，即便在同一个标准下的产品也有差异化，都会呈现出不同的效果。但相同的一点：户型标准化将成为当今微利化时代的趋势，户型的设计标准需要住宅开发建设的从业者不断研究和完善。

　　下文针对住宅户型空间和住宅公共空间的设计标准逐一进行分析。

▌ 二、住宅户型空间的设计标准

　　户型的设计标准可以说是在某一个时代或者某一个时期在一定条件下设计相对合理的户型，然而标准化户型并非简单的独立优秀户型。各户型之间、各单体住宅建筑之间的采光、通风、朝向都要达到最佳效果，容积率要满足规划设计条件，设计合理的户型更要保证符合市场的需求。

　　户型设计从根本上是来自居住者对生活的需求，既要保证功能完整、布局合理、分区明确，也要保证各功能空间的面积分配合适、空间尺度和尺寸合理、朝向良好、自然通风采光、公摊面积合适……我们研究标准化户型的目的是发现实际生活中反映在户型上面的问题，能够保证居住舒适，同时户型标准和精装修标准匹配，如作为交楼标准，就更必须合理设计并完成施工后移交给业主；而且要为住宅的套型空间的可持续发展预留出一定灵活可变性。另一方面，我们谈及的户型设计标准是相对而言的，没有固定的解题公式，只有解决问题的最佳方法。尽管住宅户型设计引起了人们更多的重视，设计的细致程度也已经有了很大的进步，但是依然存在一些不合理之处。有些设计或许在过去几年市场能够接受，但随着生活的改变就不那么合适了。例如卫生间的设计，随着生活水平的提高，洗浴用品和化妆品、清洁剂等常常没有足够的储藏空间，而且现在卫生间有了独立的淋浴隔断，那么空间尺度必然要增大。

如果我们与时俱进，对当前的设计做法及标准进行不断求证和创新，想必未来定会开发出更好的户型。

针对目前市场上刚需型和改善型（套内建筑面积 100 m^2 左右）的主流户型，结合我们以往设计实践总结的经验，提出一些有关标准化户型的设计建议。以我们曾经做过的一个项目为例，该户型构成为三房两厅两卫一厨，套内建筑面积 104 m^2。通过该案例图示分析（见图 2-10），来简单说明一个好的户型空间在设计层面需要的标准化要素。

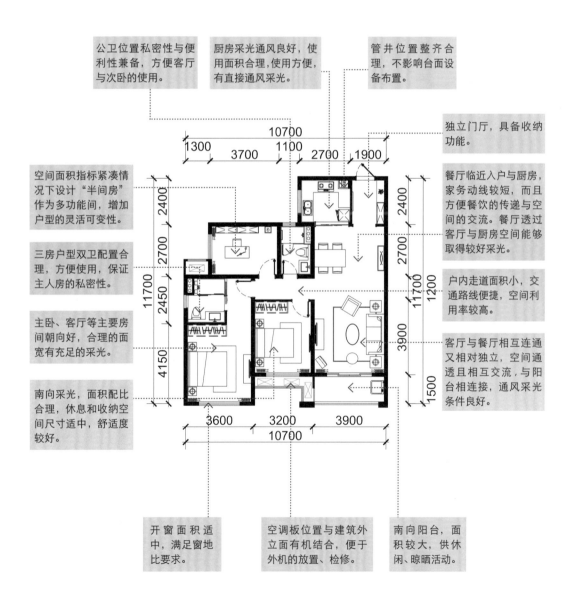

图 2-10　户型空间设计标准化的要素分析

通常户型的进深和面宽之比介于1~1.5都是合理的，进深过大会影响户型中间部位功能的采光；而进深过小又不利于户内的保温，不适于气候寒冷的地区。该户型套内建筑面积104 m²，户型构成为三房两厅两卫一厨。该户型布局方正，进深11.7 m，面宽10.7 m，进深和面宽比为1.09。

动静分区也是衡量户型优劣的原则之一。动区是居住者活动较为频繁的场所，应尽可能远离居住者休息的静区，两者明确分区主要是减少相互间的干扰，也能够让进行会客、家务或者娱乐的人放心活动。动区包括客厅、餐厅、厨房、公卫等空间；静区包括卧室、书房、主卫等空间。该户型的动静分区比较明确（见图2-11），卧室区域在户型的内侧，离门口较远，而动区也比较集中。

除了动静分离之外，好的户型设计还必须考虑到动线组织，因为动线组织关系到户型功能空间的布局。动线是居住者在户内频繁进行活动的路线，好的动线设计能够直接提升户型的空间利用率；而差的动线使大户型变得"大而空"、无用途。住宅户型的动线一般包括：家务动线、家人动线、访客动线。三条动线相互间干扰越小则使用越通畅（见图2-12）。

户型设计将户内不同功能的空间通过一定的方式有机地组合，既要控制好每个功能空间的面积、配比和尺度，又要处理好各个功能空间之间的联系，以满足不同层次居住家庭的使用需求。户型设计自楼梯、电梯的交通组织设计开始，从入户门进入户内空间，户型构成的基本功能空间包括：门厅、厨房、客厅、餐厅、卧室、卫生间和阳台等。下面我就针对一个标准化户型案例，来详细分析一下这些基本功能空间的设计要点（以下所标注的房间开间、进深都指去掉墙体和装饰层厚度的净尺寸）。

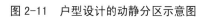

图 2-11　户型设计的动静分区示意图

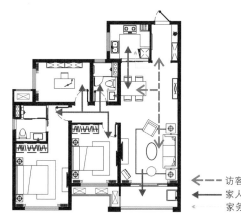

访客动线
家人动线
家务动线

图 2-12　户型设计的动线组织示意图

（一）门厅

门厅，也称之为"玄关"，原指佛教的入道之门，演变到后来，泛指厅堂的外门。门厅是房屋进户门入口的一个区域，是开门第一道风景，门厅作为进门的缓冲区域和相对独立的过渡空间，虽然面积不大，但是使用频率却很高，是户型中比较重要的空间之一。

1. 门厅功能关键词：过渡区、设备检修、换鞋、更衣、整理衣冠、临时放置背包、钥匙、雨伞、行李箱、童车、轮椅及健身器材等日常出行携带物品。

2. 门厅空间尺度

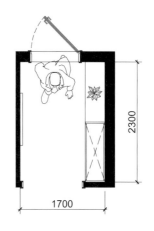

图 2-13　门厅平面图

表 2-4　门厅尺度参考表

鞋柜尺寸（mm）	入户门（单门）（mm）	门厅过道（mm）	门厅开间（mm）
300 ~ 600	≥ 1000	≥ 1200	≥ 1500

从《门厅尺度参考表》（见表 2-4）可以看出门厅的开间净尺寸最好在 1500 mm 以上，因为除去放置鞋柜空间，过道至少也要 1200 mm，如有使用轮椅的需求，那么过道要保证净尺寸 1200 mm 以上才能够保证轮椅通过和护理人员的操作空间。当然不排除因为户型总面积指标限制情况下更小尺度的同类空间也同样能够使用，但是未必就能够保证空间的舒适度和功能的灵活性了。

在门厅区域鞋柜可以实现门厅的换鞋、更衣、整理衣冠、临时放置日常生活用品等大部分功能需求。这个户型案例的门厅是过道式门厅，没有传统意义的屏风（见图 2-13）。门厅的开间净尺寸为 1700 mm，一侧可以设计 400 mm 宽的固定鞋柜或者放置 400 mm 以下的活动鞋柜（见图 2-14）。

（a）上下整体柜式鞋柜　　　　　　　　　（b）底柜式鞋柜

图 2-14　门厅鞋柜

3. 门厅设计重点

1）鞋柜

传统的门厅也有纳物功能，但是物品挂在墙面或摆在走道，门厅空间容易显得杂乱无章。对于 100 m² 左右的刚需户型或者改善型户型一般很难有独立的储藏室，所以在做交楼标准时要通过柜体设计来满足日常生活的纳物需求。从美观角度来说，鞋柜一定要设计柜门来遮挡和收纳，并根据空间的大小，以及装修成本而确定鞋柜的高度及深度（见图 2-15、图 2-16）。无论户型大小，纳物空间都是生活的基本需求，小户型有鞋柜，中户型有鞋帽挂衣柜，对于超过 150 m² 的大户型及别墅可以考虑设计独立的鞋帽间并进行分类储藏。

2）电箱

住宅电箱多设置在入门附近，设计时要在保证美观的前提下不影响检修（见图 2-17）。如果电箱恰好能隐蔽在鞋柜内部，就要控制好柜内的功能布局不与电箱位置冲突，而且强电与弱电必须保持一定的距离，避免相互干扰。

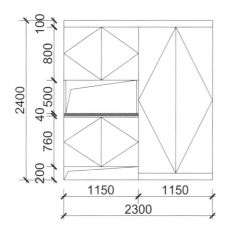
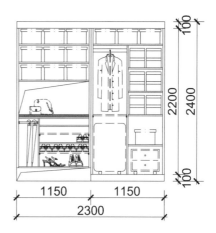

图 2-15　门厅鞋帽柜立面设计图

a. 门厅要满足放置鞋柜，换鞋更衣，临时放置物品的空间。

b. 鞋柜功能要考虑放鞋和外衣、临时放置背包、钥匙、雨伞等日常出行携带物品。设置活动层板，方便分类储藏（见图 2-15）。

c. 鞋柜内设计活动层板，可灵活存放各类物品。

d. 电箱如果隐蔽在鞋柜内，鞋柜内部设计要结合电箱的位置，不能影响日常维护检修。

图 2-16　门厅鞋柜及鞋柜细部

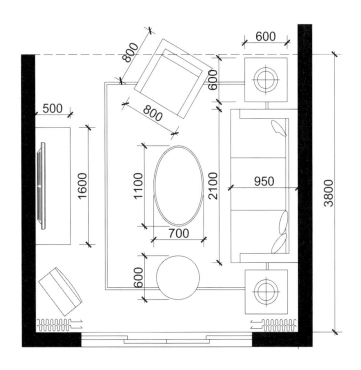

图 2-17　客厅空间尺寸示意图

（二）客厅

客厅，是主人接待客人的地方。目前在中国多数家庭里客厅兼备了起居室的功能，成为家庭成员团聚、娱乐和接待客人的公共活动空间。根据户型面积大小，有时候甚至兼具用餐、学习功能（见图 2-17）。

1. 客厅功能关键词：家庭聚会、沟通、接待、娱乐休闲、休憩。

2. 客厅空间尺度

根据沙发、茶几、座椅、电视柜等日常所需摆放的家具尺寸及居住者活动空间的基本需求而综合考量客厅的空间尺度（见表 2-5）。我们可以来计算一下，沙发最小宽度 800 mm 加上电视柜的最小宽度 400 mm，小型茶几 500 mm。考虑到看电视的视距，目前家用电视的尺寸基本都在 40 寸以上，合理的视距起码要达到 2700 mm 以上。还要预留人在客厅活动的空间及人与电视离墙的间隙，这样的话，客厅的开间净尺寸最小也要 3400 mm。进深要考虑到家具布置的灵活性，要保证能够满足摆放三人位的沙发（见图 2-18）、立式空调室内机的摆放位置。

表 2-5　客厅与家具尺度参考表

沙发尺寸 （mm）	电视柜 （mm）	茶几 （mm）	角几 （mm）	客厅开间 （mm）	客厅进深 （mm）
三人沙发（L）1800 ~ 2400 双人沙发（L）1300 ~ 1600 单人沙发（L）600 ~ 900 （W）800 ~ 950	1000 ~ 1400（L） 400 ~ 600（W）	1000 ~ 1400（L） 500 ~ 600（W）	450 ~ 600	≥ 3300	≥ 3000

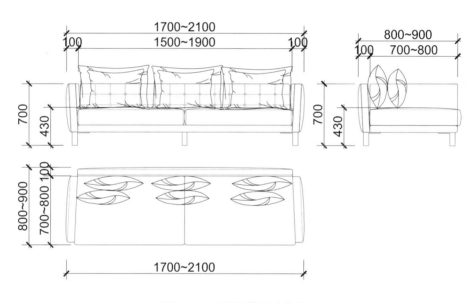

图 2-18　沙发细部尺寸参考

3. 客厅设计重点

过去电视的插座面板高度定位在底边离地 300 mm，现在许多电视都可以采用壁挂形式，所以要满足壁挂和摆放两种方式，电视机插座高度可以定在 900 mm 左右高度就能保证日后各种电线的有序美观。考虑到未来居住者的生活，可能使用柜式空调也可能使用挂式空调，空调的插座预留两处插座的位置，对于有生活经验的设计师在设计交楼标准时，会综合考虑室内外机的位置，客餐厅的空间大小及美观度，在隐蔽工程之前准确定位使得精装修工程一步到位。如果能够在客厅的两面墙都预留多功能使用的插座，那么居住者就能够根据个人习惯和喜好有更多家具摆放的选择性（见图 2-19）。

空调插座功率较
高，一般设置独
立电路和插座。
考虑到未来居住
者可能使用柜式
空调也可能使用
挂式空调，空调
的插座预留两处。
为居住者提供多
种选择。

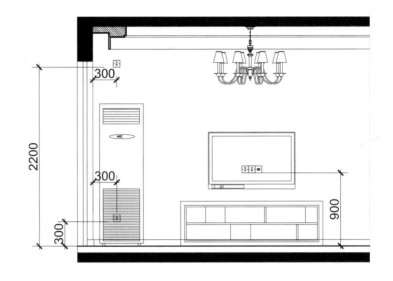

图 2-19　客厅插座预留空调插座立面示意图

　　我们应该改变一下客厅设计的思路，可以更加灵活地界定客厅的功能。未来的客户将
是年轻的"新人类"，崇尚个性，反对拘束，他们有可能不再希望客厅是一个规矩的标准方
盒子，除会客之外，可以上网，可以朋友聚会，可以是桌游俱乐部……智能的、富于变化的
空间将来可能成为年轻人喜欢的居住方式。虽然现在这些个性化的需求还不是主流，但是我
们应该为未来的居住者而开启新的户型设计思路。

　　（三）餐厅 + 厨房

　　餐厅和厨房功能联动，动线最短，是很难分开的两个功能空间。

　　1. **餐厅、厨房功能关键词**：沟通、聚餐、烹饪、储藏、备餐、清洗。

　　2. **餐厅空间尺度**

　　面积小的户型可以先考虑客餐厅连通布局，整体空间开阔明亮，而且能够节约面积。
目前很多户型的餐厅区域设计摆放了长方形餐桌，多半是因为面积局限只能摆放长方形餐桌
（见图 2-20、图 2-21）。其实对于中国的饮食习惯，如果有两代人以上的家庭成员还是考
虑圆形餐桌更加实用。

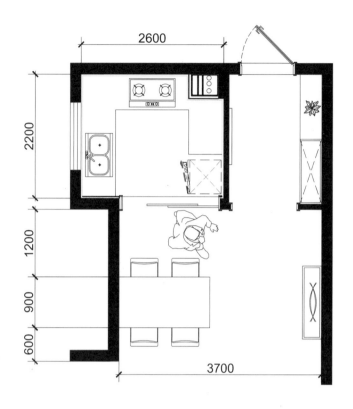

图 2-20　餐厅、厨房平面示意图

（a）角度一

（b）角度二

图 2-21　客厅、餐厅空间

表 2-6　餐厅尺度参考表

方形餐桌尺寸 （mm）	圆形餐桌尺寸 （mm）	座椅尺寸 （mm）	独立餐厅开间 （mm）	餐厅进深 （mm）
4 ~ 6 人餐桌 1000 ~ 2000（L） 600 ~ 1200（W）	4 ~ 6 人餐桌 400 ~ 750（R）	450 ~ 650	≥ 3000	≥ 2700

餐厅空间需要让共餐者轻松、愉悦、享受，现代快节奏的生活使其更加显得更加重要。家庭成员各自经历一天紧张忙碌的工作、学习，只有就餐时才能一起聚在此场所共同交流、享受天伦之乐的欢乐时光。所以，条件允许时建议适当放大餐厅空间尺度，户型设计时候要综合定位来确定合理的餐厅面积。

3. 厨房的布局

厨房的橱柜空间布局形式（见图2-22、图2-23、图2-24）根据面积的大小有"I"形、"L"形、"U"形、双排式、岛型等，最小开间净尺寸 1.60 m，最小进深 3.00 m 才能满足人在厨房进行洗切炒煮等各种活动的基本需求（见表2-7）。"I"形和"L"形适合经济紧凑的户型布局，常见于小面宽大进深的户型；"U"形和岛型适用于面积较大的户型，"U"形的操作空间非常实用；开放式厨房有很好的空间效果，受到钟爱个性化设计的年轻群体的推崇，但对于中国的传统烹饪方式其排烟功能有所欠缺。

表 2-7　厨房设备尺寸表

设备	长（mm）	宽（mm）	高（mm）
燃气灶台	800	500 ~ 600	800
洗涤台	900 ~ 1200	500 ~ 600	800
操作台	400 ~ 1200	500 ~ 600	800
吊柜	400 ~ 1200	300 ~ 350	≥ 500
调料	400 ~ 1200	300 ~ 350	350 ~ 400
抽油烟机	800	300 ~ 350	由油烟机型确定

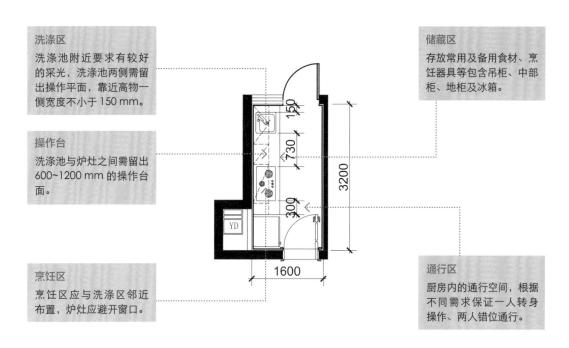

洗涤区
洗涤池附近要求有较好的采光，洗涤池两侧需留出操作平面，靠近高物一侧宽度不小于 150 mm。

储藏区
存放常用及备用食材、烹饪器具等包含吊柜、中部柜、地柜及冰箱。

操作台
洗涤池与炉灶之间需留出 600~1200 mm 的操作台面。

烹饪区
烹饪区应与洗涤区邻近布置，炉灶应避开窗口。

通行区
厨房内的通行空间，根据不同需求保证一人转身操作、两人错位通行。

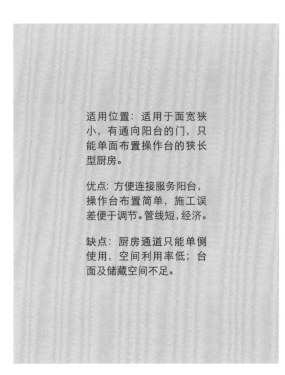

适用位置：适用于面宽狭小，有通向阳台的门，只能单面布置操作台的狭长型厨房。

优点：方便连接服务阳台，操作台布置简单，施工误差便于调节。管线短，经济。

缺点：厨房通道只能单侧使用，空间利用率低；台面及储藏空间不足。

图 2-22 "I"形橱柜布局示意图

洗涤区
洗涤池附近要求有较好的采光，洗涤池两侧需留出操作平面，靠近高物一侧宽度不小于 150 mm。

操作台
炉灶两侧需留出操作平面，靠近高物一侧宽度不小于 200 mm，洗涤池与炉灶之间需留出 600~1200 mm 的操作台面。

通行区
厨房内的通行空间，根据不同需求保证一人转身操作、两人错位通行。

烹饪区
烹饪区应与洗涤区邻近布置，炉灶应避开窗口。

储藏区
存放常用及备用食材、烹饪器具等包含吊柜、中部柜、地柜及冰箱。

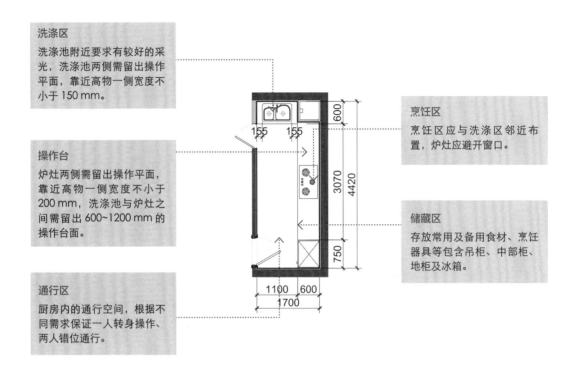

适用位置：适用于开间在 1600~2000 mm 之间的厨房。或由于服务阳台、门位置的限制，而无法形成 U 形开间的厨房。

优点：操作台面较多，洗涤池与炉灶可布置在操作台转角两侧。

缺点：操作台转角处的柜体不易使用，储藏量较小。

图 2-23 "L" 形橱柜布局示意图

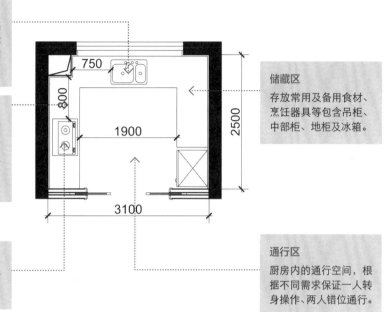

洗涤区
洗涤池附近要求有较好的采光，洗涤池两侧需留出操作平面，靠近高物一侧宽度不小于 150 mm。

操作台
炉灶两侧需留出操作台面，靠近高物一侧宽度不小于 200 mm，洗涤池与炉灶之间需留出 600~1200 mm 的操作台面。

储藏区
存放常用及备用食材、烹饪器具等包含吊柜、中部柜、地柜及冰箱。

烹饪区
烹饪区应与洗涤区邻近布置，炉灶应避开窗口。

通行区
厨房内的通行空间，根据不同需求保证一人转身操作、两人错位通行。

适用位置：适用于平面接近方形的厨房，或开阔较大面积的厨房。

优点：厨房三面均可布置操作台，操作面长，操作台连续，储藏空间充足。

缺点：由于三面布置橱柜，服务阳台的设置有可能受到限制。

图 2-24　"U"形橱柜布局示意图

（四）主人房区域

主卧又称主人房，一般包括主人卧室、主人卫生间，对于大面积的户型还可布置主卧衣帽间、主人用书房。

1. 主卧室功能关键词：睡眠、衣橱、影视、洗浴、梳妆、阅读、上网、工作等。

2. 主卧、主卫空间尺度

通常讲到户型的结构都是几房几厅，可见中国自古以来对于"房"的重视程度。20世纪50—60年代的住宅户型是没有单独的客厅、餐厅功能，当时的房主要是满足睡眠的需求。主卧的出现解决了老中青三代人共同居住容易产生相互干扰的问题。主人可以有更多的私密活动空间（见图2-25、图2-26）。

现在的户型设计比较重视客厅，但卧室依然是不容忽视的重要空间，在调整户型面宽时候，客厅空间压缩100 m~200 mm还可以接受，在同样面积限定的条件下调整主卧尺寸要格外谨慎（见表2-8）。

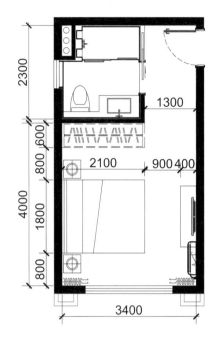

图 2-25　主卧区域平面

表 2-8　主卧尺度参考表

双人床尺寸（mm）	电视柜尺寸（mm）	衣柜尺寸（mm）	床头柜尺寸（mm）	主卧开间（mm）	主卧进深（mm）
2000 ~ 2020(L) 1500 ~ 2020(W)	400 ~ 600(W)	400 ~ 600(W)	500 ~ 650	≥ 3400	≥ 3400

主卧开间：双人床2020 mm+活动空间900 mm+电视柜400 mm，净空尺寸最小3400 mm。

主卧进深：双人床1520 mm+衣柜600 mm+两边床头柜1200 mm，净空尺寸最小3400 mm。

图 2-26　主卧空间

按照《主卧尺度参考表》，不带有主卫的主卧室面积最小也要达到 11.56 m²。主卧一般配有独立的卫生间，面积比公卫要大，更加舒适。主卫的空间尺寸要根据布局而定，能够保证基本的三件套标准，开间最小净尺寸不小于 1800 mm。什么样的尺寸才是主卧室合理的尺度呢？不同户型有不同的生活需求，主卧就需要设计相对应的合理空间尺度。

1）一个适合睡觉的主卧

基本尺度：$10\,\text{m}^2 \leqslant S \leqslant 12\,\text{m}^2$

常见于一居室或者两居室的户型。

2）一个带套卫的主卧

改善尺度：$S \geqslant 12\,\text{m}^2$

如果配有主卫，加上主卧入门口处至少 1 m 宽的过道，主卧室的面积要达到 12 m² 以上，常见于三居室的户型。

3）一个需要照看婴儿的主卧

舒适尺度：$S \geqslant 15 \, m^2$

如果家庭增添了婴儿，那有一个阶段就要考虑婴儿床、婴儿用品的摆放位置，这样主卧室的面积就要加大到 15 m² 以上。即使不考虑照看婴儿，如果没有独立书房，那么主人房里面可以考虑书桌椅的摆放空间，所以对于多数购房者期望主卧能够达到 18 m² 的调研结果也不无道理，作为三居室、四居室户型，主卧能达到这个指标，整体功能性和舒适度都能够充分提升。

4）一个可以"分区"的主卧

奢享尺度：$S \geqslant 20 \, m^2$

面积大于 20 m² 的主卧在国内常见于别墅，主要是可以进行分区，在主卧除了用来休息外，还可以根据主人的习惯设计一个小的起居空间或者临时书房。其实，在美国大于 200 m² 的住宅户型，主卧面积都在 25 m² 左右，但这个也受到生活习惯的影响。

1. 主卧的设计重点

主卧作为居住者最为关注的空间，其位置、采光、通风、景观都是必不可少的考量因素。主卧在整个户型的位置应该比较隐秘，符合主人对于独立活动和私密性的需求，而且最好有南向采光，现在很多户型的主卧没有独立阳台而是选择设计大面积的飘窗或是落地拐角窗，这也是不错的方法，增加采光而且节省面积，还可以设计为主卧的临时休闲区，融入浪漫的生活情怀（见图 2-27）。

图 2-27　主卧飘窗台

主卫的位置以及主卫与衣帽间的布局方式也是设计重点（见图 2-28、图 2-29）。有些户型的主卫是通过主卧玄关进入，避免开门就对着卫生间；有些户型是通过衣帽间进入主卫，但卫生间湿气会对衣帽间的储物有影响，这种布局方式就不适合南方潮湿的天气；也有把卫生间和衣帽间在进入主卧的过道两边分开设置，这种相对独立的功能空间也是不错的布局方式。

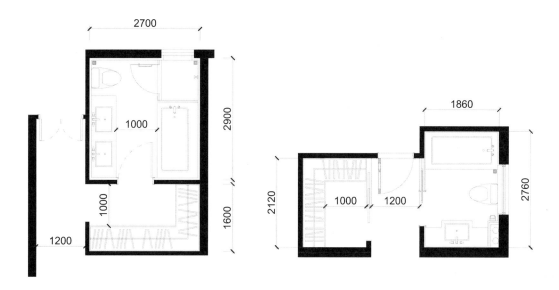

图 2-28　主卫、衣帽间空间尺度参考图

衣帽间是人们生活质量提高的功能空间，所谓"每一个女主人都渴望有专属的衣帽间"一点都不夸张。因为衣物多了就需要进行分类收纳，而且在更衣时能给居住者带来更多的生活乐趣。以前衣帽间是大户型的卖点，其实小户型的居住群体也同样有这样的生活诉求，但是在设计的时候不要一味追求功能而牺牲了空间的舒适度，如果真的面积不足以设计衣帽空间，与其勉强挤出一个不好用的衣帽间，不如预留出一个大衣柜的位置。

（五）次卧

图 2-29　主卫空间

次卧是相对于主卧而言的其余卧室，这个空间在实际的使用过程中因为每个家庭的情况不同有不一样的要求，我们在设计中不能按照单一功能考虑，要注意灵活性。例如：次卧当作书房时，就放一张书桌、书柜、活动椅等；作为儿童房的时候，放一张小床、书桌、衣柜；同样也可能作为长辈房使用。以下列举几种可变性设计模式。

1. 当次卧作为书房

书房对于面积的要求（见表 2-9）并不高，主要能够满足阅读、上网等需要，摆放书桌、椅和书柜，面积达到 8 m² 以上就可以满足；如果 10 m² 就可以增加一张休闲椅和边几，因为现代人阅读未必都是端正地坐在书桌前，书桌基本是为上网和处理一些工作提供便利，一边阅读一边品茶更符合现代家庭舒适休闲的生活方式（见图 2-30、图 2-31）。

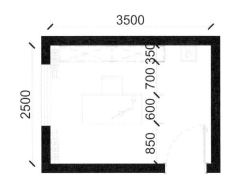

图 2-30　书房平面示意图

表 2-9　次卧 / 书房尺度参考表

书柜尺寸 （mm）	书桌尺寸 （mm）	休闲椅尺寸 （mm）	书房面积 （m²）
600 ~ 2100（L） 300 ~ 400（W）	800 ~ 2000（L） 480 ~ 700（W）	400 ~ 600（W）	≥ 8

（a）书房布局一

（b）书房布局二

图 2-31　书房空间

2. 当次卧作为儿童房

当次卧作儿童房时，不需要考虑电视柜位置，那么宽度可以适当压缩至 2700 mm，儿童床的尺寸 1.0~1.5 m 决定了房间的深度在 3.0~3.6 m。大多数时间儿童会在空间较大的客厅或户外活动，所以对于卧室的空间需求不是很高，足够孩子休息、学习就可以。而对于一个青少年的房间，除了床、床头柜、书桌椅外，还要考虑书柜、电脑和充足的储物空间。还需注意的是有的儿童房便于长辈看护就门对门，而青少年已经需要独立的生活空间，要注意门的开启位置（见图 2-32）。

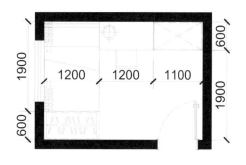

图 2-32　儿童房平面示意图

3. 当次卧作为长辈房

常规的长辈房可按照双人卧室来考虑，面积不小于主卧面积的三分之二。对于常规的户型设计里没有考虑到生活不能完全自理的老人，在中国还是有很大一部分老人是居家养老的，所以在设计户型空间时非常有必要结合适老化设计，比如需要使用轮椅的老人就要把房间内的通道预留足够轮椅回转的空间（见图 2-33）。倘若老人需要有人陪护，那么就要预留能够放置两张单人床的空间。

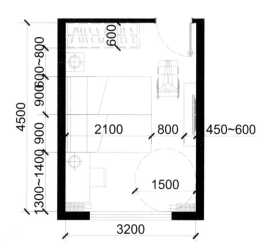

（a）符合老年人特点的长辈房平面

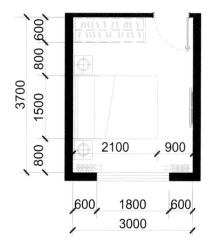

（b）普通住宅的长辈房平面

图 2-33　长辈房平面示意图

（六）卫生间

卫生间是使用频率较高的功能空间，有洗、便、浴三大基本功能（见图2-34、图2-35）。

1. 卫生间功能关键词：洗面、便溺、沐浴、梳妆、更衣等。

2. 卫生间空间尺度（见表2-10）

表 2-10　卫生间尺度参考表

洗手台净空 （mm）	坐厕净空 （mm）	淋浴净空 （mm）	浴缸净空 （mm）	净空尺度 （mm）
W ≥ 700	W ≥ 850	850 ~ 1500	W ≥ 750 L ≥ 1500	≥ 1600

3. 卫生间设计重点

从卫生间的位置来说，单个卫生间的户型应该注意和各房间尤其是主卧的关系。双卫或者多卫时，公卫应该设置在方便公共使用的位置，但入口不宜对房间门或者直接对客餐厅的空间。

现在已经有不少户型有多个卫生间，对于大面积的户型每个房间都可配备套卫。但是对于刚需和改善户型没有必要设计这么多卫生间，可以通过合理的分离设计来解决多居室多人使用的相互干扰问题，把卫生间的洗漱、如厕和淋浴三大基本功能分离，就能大大提高空间使用效率。

目前很多北方的户型还是存在"暗卫"设计，虽然存在区域的差异化，但是卫生间是生活中的集中用水空间，也是最容易潮湿和滋生细菌的地方，尽管有各种排风和照明设备，但是无论是从能源还是舒适感考虑，采光通风都非常重要。只是在北方寒冷的气候条件下要注意建筑内外保暖设计。

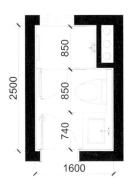

图 2-34　公卫空间功能尺度示意图

图 2-35　公卫空间

图 2-36　洗手台面要预留放置洗浴物品的空间

图 2-37　用洗手间窗台放置洗浴物品

作为一个使用频率较高的功能空间，一些刚需户型将卫生间的面积压缩到 4 m² 以内，反而客厅面积大却没有充分利用起来，其实对于刚需居住人群他们更需要的是功能的实用性。

对于交楼标准的卫生间设计要更加注重细节的处理，例如洗手台面一定要预留出台面摆放洗漱物品的位置（见图 2-36），设计摆放淋浴间的沐浴物品的层架，如果实在没有地方就考虑借用窗台的空间（见图 2-37）。

不能只是重视大户型的洗手间设计，大户型的居住人群有经济实力进行个性化的二次装修。而中小户型的购房者多是工薪阶层，资金和时间都非常有限，所以才更加希望开发商能够交付一个装修一次到位的"体贴的家"。

（七）阳台

阳台应该是户型中唯一与自然交互的空间。在城市住宅中阳台更为重要，是观景、晒太阳、乘凉、种植等休闲半户外活动的场所。

1. 景观阳台

景观阳台实际是源于建筑外立面设计观感，让阳台设计也成为一种景观，同时也可以观景。景观阳台通常与客厅相连接，作为家庭的公共活动场所。其进深要达到 1500 mm 以上宽度，但是也不宜太大，否则会影响到室内采光。因为是住宅室内外互动的最佳场所，能够摆放休闲椅和种植绿化等，增添生活情趣（见图 2-38）。

图 2-38 景观阳台　　　　　　图 2-39 工作阳台立面示意图

　　阳台面积一般不小于 4.5 m^2，推拉门两侧宜留不小于 550 mm 的墙垛，一可以遮挡雨水管，二可便于空调穿管，三可便于厅内家具摆放。

2. 工作阳台

　　工作阳台的集散功能特别强，洗手盆、拖把池、洗衣机、杂物等都在工作阳台。而且工作阳台多是和厨房、餐厅相连，从内透过落地窗又能够看到工作阳台的情况，因而也会影响到视觉效果，所以要进行分类，分成储藏类、清洁类。储藏类可以通过设计整体的收纳柜将各种杂物分类归纳。清洁的拖把池、洗衣机、热水器等提前将位置整体规划，为业主省去不少麻烦（见图 2-39）。

3. 内阳台

　　因为寒冷风沙的气候的侵扰，内阳台更适合北方地区，南方地区现在使用也相当普遍。阳台可以纳入室内范畴，大幅的玻璃来封闭阳

图 2-40 内阳台成室内的延伸

（a）多功能储物柜立面 1　　　　　　　　　　　　（b）多功能储物柜立面 2

图 2-41　内阳台立面示意图

台可以解决引入阳光的问题，阳台成为客厅、餐厅的延伸区域，室内空间也显得更加开阔（见图 2-40、图 2-41）。

三、住宅公共空间的设计标准

住宅楼栋单元由套内户型和公共空间组成，户型和公共空间的设计直接决定了楼栋单元的空间利用率、楼型的面宽进深、建筑外立面设计的美观性，以及规划设计的建筑密度、容积率等。单元中各户都是围绕着公共空间展开的，是整个住宅设计的起点，直接影响到各户型设计的走向。可以说，公共空间的设计是影响整个住宅设计品质的重要因素，是住宅设计中的关键部位。

另一方面，公共空间的门厅、电梯厅、电梯井、楼梯间、设备间和管井的布置涉及部位虽不多，但往往隐蔽性很强，容易被忽视，如前期没有发现，导致后期精装修处理难如人意，直接降低了户型的整体品质，减少了户型销售的附加值。不少已建成的住宅中出现了很多问题，往往引出很多麻烦。例如，单元内公共面积过大，使用不便，造成业主心有不甘，容易和物业管理部门发生矛盾。

高层住宅建筑一般分为"板楼"和"塔楼"两种。从外观看，板楼建筑的长度明显大于宽度，板楼最大的优点是每户住宅都能够南北通透，朝向好且高度密度适中，户型结构简单、造价经济、室外空间较大等受到了消费者的青睐，是住宅市场上的主流形式。塔楼是根据它的外观形式而被冠名的，其瘦长、秀气、挺拔的形象经常是城市中的景观，塔楼的特点是面宽小、进深大、高度集约，容易形成大量的小套型住宅，在规划设计中能够获得较大的容积率，在高密度的城市居住区规划设计中，塔式高层住宅是一种受欢迎的形式，十八层以上的高层住宅建筑，大多数是以塔楼的形式出现。尽管高层住宅有板式和塔式等不同的建筑形式，但其公共空间的功能和共性问题大同小异，因此，我们把它们的公共空间标准化设计放在一起进行研究。

公共空间包括有单元入口、大堂、电梯厅、电梯井、楼梯间、走廊通道、设备间及管道井等，可以产生多种组合形式，而且该部分的设计涉及多个专业以及消防问题，相对比较复杂，研究更加具有现实意义，目的是使之更加经济、合理、实用。

户型设计标准化直接受到公共空间设计的直接影响和制约，下文就高层住宅公共空间的标准化设计提出一些建议。

（一）单元入口

单元入口的位置非常重要，一方面影响首层大堂的采光与通风条件，另一方面影响公共空间的消防疏散等交通布局。除此之外，它还是整个住宅单元的第一道安全保障闸。结合物业管理方式，考虑电子监控设备的安置。出于安全性考虑，目前大多数中高层建筑和大堂空间统一考虑，采用"外投内取"的邮政投递方式，邮递员等非住户人员不得随意直接进入，确保居住安全；信报箱在架空层或在室外集中设置时应有照明，方便晚间取信。

单元入口处室外地坪与室外地面应有高差，不应小于 100 mm。设置的台阶不应少于二级，台阶宽度不小于 300 m、高度不大于 150 mm。室外平台应比室内低 100~150 mm，且向外找坡 1%，最好设置明沟排水，防止雨水回流。单元公共出入口的上部，应设置雨篷等安全措施防止物体坠落伤人。雨篷采取有组织排水为佳，并可方便冲洗。

单元出入口处要有醒目的标识，包括建筑装饰、建筑小品、单元门牌编号。有的对出入口门头处理很简单，各栋住宅出入口没有特色，住户和访客都不易识别。

在人性化设计方面，对于十层以下没有设置独立的大堂或者门厅的住宅，在单元入口外最好设置座椅，方便住户和访客在楼下等候时临时使用。对于婴幼儿、残疾人及活动不方便者的通行，无障碍设计的坡道、扶手等设施是必须设置的。

图 2-42　首层大堂

（二）大堂

首层入户大堂是住宅建筑的公用开放空间（见图 2-42），一般有接待区、信报区、过道、电梯厅、入户空间等功能区域。一般接待区的空间尺度可大可小，需要结合住宅的整体定位和建筑主体结构确定，可以设置专门的休息等待区，也可以只保留住户临时逗留的空间。信报区可以根据实际住户的数量和空间布局确定，设置独立的信报区或者相对独立、不影响主要动线的信报区。过道空间是大堂和电梯厅之间的过渡空间，根据楼型的特征来设计，在尺度容许的情况下可以设置公示栏。大堂的电梯厅或者楼梯间入口不宜紧邻首层住户的入户门，需要设置相对独立的入户空间，以保证住户的私密性。入户大堂入口位置和立面设计要醒目、容易识别，对公共交通组织的空间秩序具有引导作用。大堂要有清晰的标识设计，引导住户和访客到达电梯厅或者楼梯间。

大堂最好能够考虑充分的自然通风、采光设计，大堂的装修标准一般也应高于其他各层。

（a）首层电梯厅   （b）标准层电梯厅

图 2-43   电梯厅

（三）电梯厅、电梯井

《住宅设计规范》规定：七层及七层以上住宅或住户入口层楼面距室外设计地面的高度超过 16 m 时，必须设置电梯。所以，电梯井和电梯厅是楼栋住户每天必须经过和短暂停留的场所，它的空间组合形态是中高层、高层住宅建筑标准层设计的核心元素（见图 2-43）。

电梯厅的空间尺度是电梯空间设计的关键。1500 mm 是等候电梯及开门入户等行为互不干扰的最小尺寸，另外考虑到残疾人轮椅回转的最小半径和病人担架的使用，所以候梯厅深度一般建议能够做到 1800~2000 mm 为佳。

其次，电梯厅的布局形式也影响到公共空间的利用率和入户空间的布局，电梯厅、电梯间一般和楼梯间组合形成高层住宅建筑的垂直交通核。下面分别对高层板式及高层塔式住宅建筑的公共空间的标准层常见的几种电梯厅形态进行归纳比较（见表 2-11、表 2-12），总结几种不同形态交通空间组合的特点和优缺点，以方便选择最佳的公共交通空间和入户位置，降低户型的公摊面积。再次，尽量避免在电梯厅主墙面开门（管井、楼梯间门），以保持空间的完整性。除此之外，电梯厅应尽量考虑自然通风、采光。有地下室时电梯应考虑通达地下车库，电梯厅入口处应设置乙级防火门。电梯井道的布置不应紧邻卧室，避免电梯运行噪声对住户的起居形成干扰；最好也不要紧邻客厅布置，否则必须采取隔声、减振的构造措施。

表 2-11　板式高层常用电梯厅形式及优缺点比较[4]

形式	对面式	左右式	垂直式	错位式
图示				
优点	1. 公共空间集中，进深较大，节省了面宽。2. 入户空间扩大，形成一个小门斗，可形成较为独立的入户空间，减少两户相互干扰。	1. 电梯和楼梯有各自的平台和等候空间，功能分区清晰。2. 入户门不对电梯或楼梯，受干扰较小。3. 楼梯间采光较好。	1. 电梯、楼梯、入户空间相对独立，互不干扰。2. 布局形式节约面宽。3. 电梯厅采光较好。	1. 电梯厅的空间利用率较高。2. 电梯厅采光、通风条件较好。
缺点	1. 公共空间集中，容易造成动线干扰。2. 楼梯间面积增大，入户处采光较暗。	电梯厅采光较差。	一侧入户空间采光差。	入户门对楼梯间，而且与电梯厅之间干扰较大。
综合	1. 适用于刚需型住宅。2. 公共面积较小，采光面占用小。	1. 适用于改善型住宅。2. 功能布局明确。	1. 适用于享受型住宅。2. 面宽大，公共空间较为舒适。	1. 适用于刚需型住宅。2. 动线有一定干扰。3. 户型可以形成门厅。

表 2-12   塔式高层常用电梯厅形式及优缺点比较[4]

形式	对面式		相邻式
图示			
优点	公共空间面宽较窄，是较为节省面积的做法。	公共空间面宽较窄，是较为节省面积的做法。	电梯与楼梯相邻布置，对户内不造成干扰。
缺点	电梯厅、楼梯间、入户空间的采光、通风条件较差。	过道较为窄长。	1.U 形公共走道较为浪费面积。 2. 受两部电梯位置影响，双跑楼梯间被迫做大，较为浪费面积。

备注：a.以上表内公共空间的电梯井道尺寸基本统一。   b.塔式住宅建筑相对组合方式灵活多变，故上表仅以每单元四户的塔式住宅为例做比较说明。

[4] 参考文献：周燕珉.住宅精细化设计[M].北京：中国建筑工业出版社，2008.

电梯厅如果兼做消防电梯的消防前室或者防烟楼梯间的合用前室，则需按照消防的要求设置，消防前室面积不小于 4.5 m²，合用前室不小于 6.0 m²。开向电梯厅的入户门均应为乙级防火门，避免单元内所有的入户门都开向前室。至于三合一前室的设置要求，目前各地消防部门执行的标准不一样，我们期待新的《建筑设计防火规范》制定出统一的规定。

电梯井井道尺寸一般是按照所选择的电梯载重量来确定的。一般根据使用人数选择 630 kg、800 kg、1000 kg 几种不同载重的电梯作为住宅建筑使用，各个厂家提供的尺寸不尽相同，但是差别甚微（在 100 mm 左右）。注意住宅电梯一般选择深轿厢，方便住户搬运非机动车等大件物品，并满足无障碍电梯的要求。十二层及十二层以上的单元式和塔式住宅，要求设置电梯不少于两台，其中一台是消防电梯和担架电梯。消防电梯载重量不小于800 kg，如果兼做可容纳担架的电梯，则需1000 kg。

（四）楼梯间

楼梯间是住宅建筑消防逃生的唯一通道和垂直交通核心，关于高层住宅建筑的楼梯间和电梯厅、电梯间的几种不同组合形态的特点和优劣，在表2-11、表2-12中已进行了归纳比较，不再赘述。

楼梯间采用的形式、尺寸直接和住宅建筑的层高、层数相关联。十一层及十一层以下的单元式住宅可设置敞开式楼梯间，不设封闭楼梯间；十二层及十八层的单元式住宅应设封闭楼梯间；十九层及十九层以上的单元式住宅以及塔式住宅应设防烟楼梯间。对于通廊式住宅的要求则提高一个级别，十一层及十一层以下的应设封闭楼梯间；超过十一层的通廊式住宅应设防烟楼梯间。

楼梯梯段净宽不应小于1100 mm，不超过六层的住宅，一边设有栏杆的梯段净宽不应小于1000 mm。楼梯平台净宽不应小于楼梯梯段净宽，不得小于1200 mm；剪刀梯楼梯平台的净宽不得小于1300 mm。注意这里所指的楼梯平台和梯段净宽是指墙面完成面至扶手中心的距离，并注意消火栓的摆放不得影响净宽尺寸。计算下来，六层及以下的住宅楼梯间的最小开间尺寸2400 mm，六层以上的2600 mm。塔式住宅采用剪刀梯是把两部楼梯叠合在同一个空间，可以节约公共空间的建筑面积。

《住宅设计规范》6.3.2条规定：“楼梯踏步宽度不应小于260 mm，踏步高度不应大于175 mm。”必须照此执行。但对于不设置电梯的多层住宅，我们应该适当提高舒适度标准，建议踏步宽度不小于270 mm，高度不大于170 mm。

一般单元式住宅的楼梯间设计应靠外墙，并应直接利用天然采光和自然通风。对于十层及十层以上的单元式住宅建筑，每个单元的疏散楼梯都应通至屋顶，各单元的楼梯间可在屋顶相连通，便于疏散到屋顶的人，能够经过另一座楼梯到达室外。对于十一层及以下的单元式住宅采用敞开式楼梯间，应采取措施防止大风时雨水飘入楼梯间，并设置地漏，楼梯间地砖应考虑防滑。同时应防止从梯间攀爬至户内的可能性。无论何种情况，楼梯平台的结构下缘至人行通道的垂直高度最小不应低于2.0 m。

（五）走廊通道和入户空间

走廊和通道的净宽不应小于1.2 m，可以供平时交通两股人流同时通行，也方便家具搬运和无障碍轮椅的通行。这里的净宽设计要注意三方面的问题：一是完成精装修之后的净宽度，尤其是北方寒冷地区在公共通道处墙体需设置保温层所需的厚度；二是注意消火栓及其消防立管的设置不能影响走廊和通道的净宽度；三是注意开向疏散走道及楼梯间平台的门扇在开启时，不得影响疏散宽度。关于第三点经常会出现误区，设计师往往会认为入户门需往外开启，实际上对于居住人数不多的住宅建筑，消防规范完全没有这方面的限制，所以，一般情况下建议入户门往里即向套内开启，避免人员在走廊通道的正常通行受到影响。

入户空间设计时应关注居住者的心理感受、安全问题和对视问题，避免相互干扰，以保证住户的私密性。因为往往会出现住户携带大量物品的情况，在空间允许的情况下，最好设计有相对独立的有缓冲余地的入户空间，注意避免电梯门口、入户门口黑暗或出现隐蔽的视线死角。为了避免相邻住户之间的对视、入户门与电梯门或者楼梯间对视情况的出现，在入户门的相对设置时应注意拉开距离，入户门不要太近，或者在设计时留出户内门厅或玄关空间。

（六）设备管井

建筑设备设计及管井布置包括有：雨水排放系统、室内给水排水系统、通风排气系统、采暖（空调）系统、燃气系统、强电系统（照明供电）、弱电系统（有线电视、电话、信息网络、访客对讲、门禁、报警安全防范等）以及消防系统（消防立管、防排烟）。

在户型设计中，建筑设备的设计应有建筑空间合理布局的整体观念。设计时应综合考虑各种管井对电梯厅、楼梯间和室内空间的影响，为设备和管线的入户配置、安装、管理检修提供必要的空间条件，并考虑为将来增加设备留出一定的余地。

因为设备管井布置受到各专业的规范制约，所以设计师需要基本熟悉各专业的要求，和各专业设计人员反复磋商、进行设计优化布置，寻找最合理的解决方案，尽可能缩小设备间、管井所占用的共用建筑面积，提高空间利用率（见图 2-44）。

我们在工作中需要掌握一些建筑设备专业的设计原则。

《住宅建筑规范》8.1.4 条规定："住宅的给水总立管、雨水立管、消防立管、采暖供回水总立管和电气、电信干线（管），不应布置在套内。公共功能的阀门、电气设备和用于总体调节和检修的部件，应设在共用部位。" 8.1.5 条规定："住宅的水表、电能表、热量表和燃气表的设置应便于管理。"

......

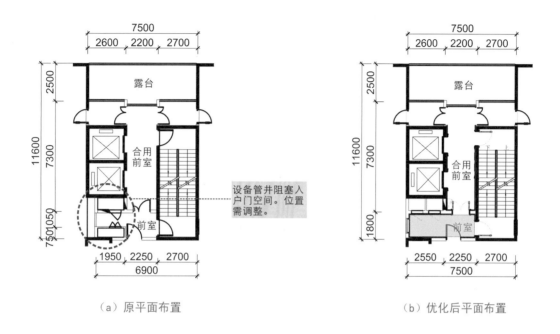

（a）原平面布置　　　　　　　　　　　（b）优化后平面布置

图 2-44　设备管井布置设计优化

在户型设计中既要满足使用要求，又要注意与内装修的关系，更要结合功能使用要求注意与外立面的关系。例如：进行空调设计室内布置时，注意缩短室内机和室外机的连接长度，冷媒管避免遮挡门窗，室内机应避免直吹，室内机位不应妨碍衣柜书架等高大家具的布置，室外机空调搁板的设计要考虑通风散热等。进行室外设计时，要合理设置冷凝水立管排放方式和位置，空调室外机搁板如何安装装饰栏杆等。布置不当，既不能保证使用的舒适度，又会严重影响建筑外立面设计效果。

综上所述，户型设计中对于公共空间以及户内空间设备布置的每一个细部都有可能严重影响户型设计甚至影响住宅小区的整体品质。户型设计中尤其要注意细节问题，例如：强弱电箱与鞋柜的关系，可视对讲的位置，下水道的设置，厨房排油烟井的位置，煤气管道走向，卫生间结构降板，插座开关的布置，空调的室内机、室外机以及冷凝水管的布置方式和位置，公共空间消火栓的安装位置等。

这方面以精细设计为主导的日韩住宅的做法值得我们学习和借鉴。日本的新式住宅是利用地面抬高的空间统一布置管线，各种立管和设备仪表设置在公共空间，这样各种管线都可以轻易更换而不用破坏住宅建筑的主体结构。韩国的住宅内部各种立管都是纳入管道井或者是夹在墙体中,这样使得整体空间完整美观,同时也易于集中维修。

　　住宅公共空间的设计不仅涉及建筑设计、机电消防设计,还涉及景观园林设计,这就需要设计师具备相对全面的知识结构,能够通过综合分析发现公共空间的不合理之处,寻找问题的症结所在,从而找对解决问题的方法。要做好公共空间的优先设计,同时要与建筑、机电等相关专业设计师相互配合,共同解决存在的各类问题,最终才能优先设计出好的住宅居住空间。

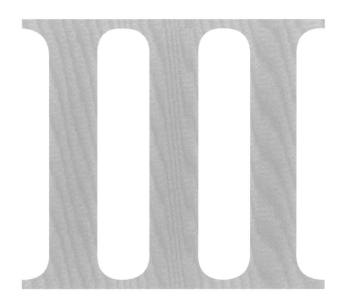

第三篇　行必获——户型大师实践篇

第一章　户型双优设计实例解析　　　　　　　　　　　　/110

第二章　标准化户型的设计流程　　　　　　　　　　　　/150

第一章 户型双优设计实例解析

双优设计实例一 南宁某知名楼盘交楼标准项目 /111

双优设计实例二 深圳中海尖岗山交楼标准项目 /114

双优设计实例三 武汉广电江堤村交楼标准项目 /119

双优设计实例四 浙江正方上林院高层洋房个性化项目 /122

双优设计实例五 珠海招商依云水岸交楼标准项目 /125

双优设计实例六 温州银都花园交楼标准项目 /128

双优设计实例七 东莞心怡半岛花园交楼标准项目 /133

双优设计实例八 海口长信蓝郡交楼标准项目 /141

双优设计实例九 君侯食品厂原老厂区改造工程（住宅） /146

双优设计实例一

刚需小户型

南宁某知名楼盘交楼标准项目

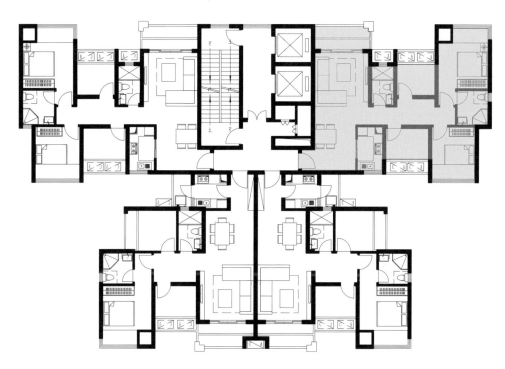

图 3-1 原建筑单体平面图

▶ **户型信息**

刚需型（一档）

高层，一层四户

户型结构：四房两厅双卫

优化前套内建筑面积：82 m²

优化后套内建筑面积：85 m²

▶ **户型优化条件**

√ 可对不合理的空间进行调整。

√ 管井位置可适当调整。

√ 户型面积可适当调整。

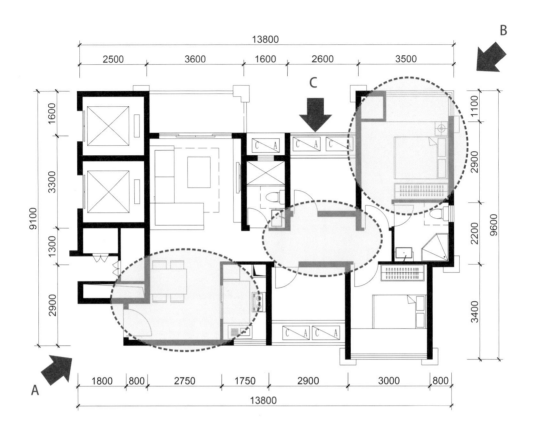

图 3-2　原标准层户型平面分析图

（一）户型症状分析要点

A.餐厅实际可使用面积小，不足以满足三房家庭的使用。并且访客、家人、家务三条动线过于密集交织，入门即见厨房，无过渡区。

B.主人房飘窗及管井位占据面积过大，主卫空间尺寸不能有效地布置设备。

C.走廊位浪费面积过大。

（二）户型优先成果分析

客厅区域

客厅面宽缩窄，符合刚需人群需求。客厅与餐厅空间方正连通，解决了入口交通拥挤就餐不便的弊病，人流动线相对合理。客厅与餐厅连通，尽管客厅进深与开间尺寸不变，但明显扩大了空间。阳台外挑，增加景观视野。

管井区域

管井位置的合理摆放，并利用每一寸地方增加纳物功能。

主卧区域

主卧拉长进深，缩短面宽，有效解决刚需群体的需要。改变主卫的进深开间比，内部设置布置就更加规整。

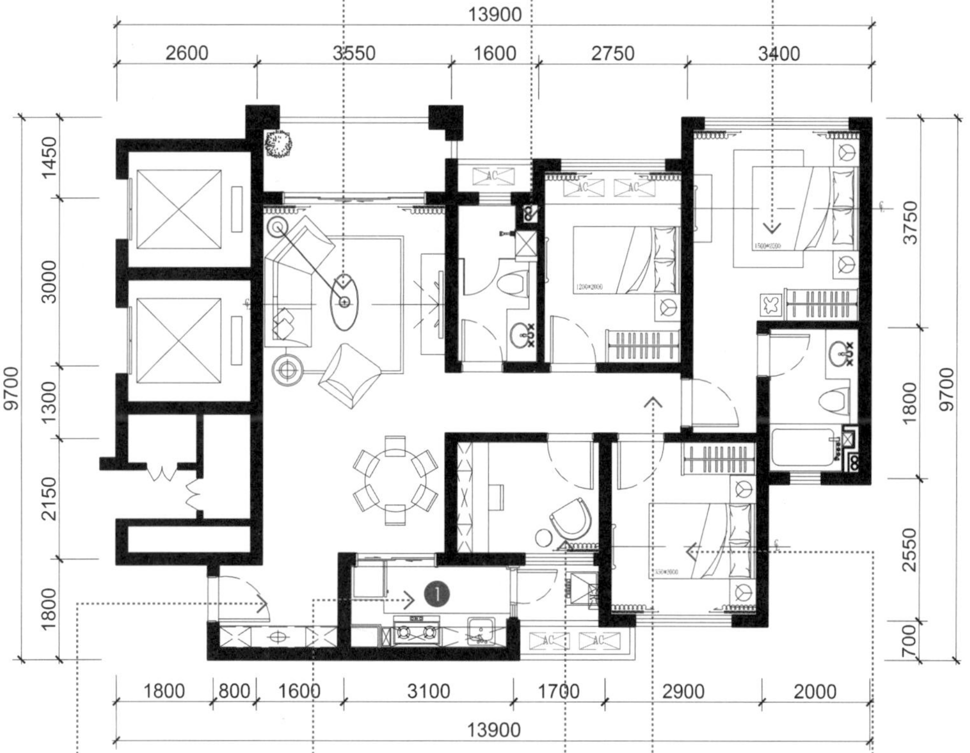

玄关区域

相对独立的玄关空间，预留出鞋帽柜等纳物空间。

厨房区域

厨房横置，增加工作阳台，解决了空间功能与采光。

多功能房区域

一个多功能的小房间，充分满足刚需居住人群的功能需求。

过道区域

走廊位置合理实用，无任何浪费之处。

次卧区域

取消房间的飘窗，增加空间的实用性。

图 3-3　标准层户型优先成果分析图

（三）成果遗憾

❶ 厨房操作台面稍短。

双优设计实例二
享受型户型

深圳中海尖岗山交楼标准项目

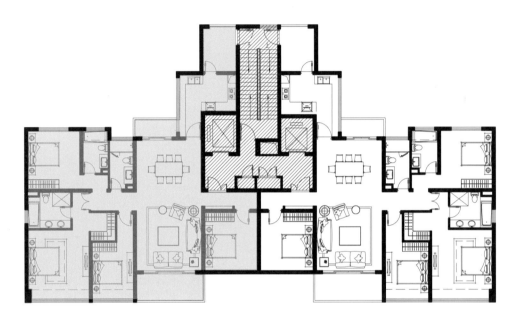

图 3-4　原建筑单体平面图

▶ **户型信息**

享受型（三档）

高层，一层两户

户型结构：四房两厅三卫

优化前套内建筑面积：157 m²

优化后套内建筑面积：155 m²

▶ **户型优化条件**

√ 按优先条件进行户型调整。

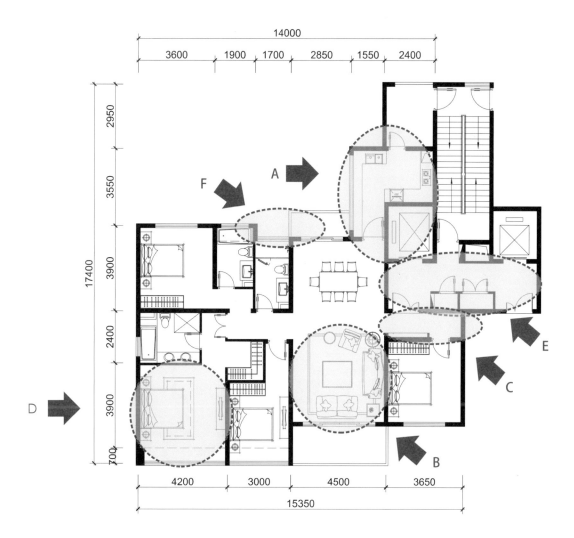

图 3-5 原标准层户型平面分析图

（一）户型症状分析要点

A. 厨房面积大，利用率低，操作流程不合理。生活阳台面积过大且不实用。

B. 客厅进深不够，餐厅面宽过宽，影响客厅与餐厅家具摆放。

C. 入户玄关空间过窄，不实用。

D. 主人房卧室面宽配比不合理。

E. 公共区域管井位置突兀，严重影响公共空间的完整性，降低楼宇档次。

F. 户外空调设备位欠考虑。

（二）户型优先方案分析

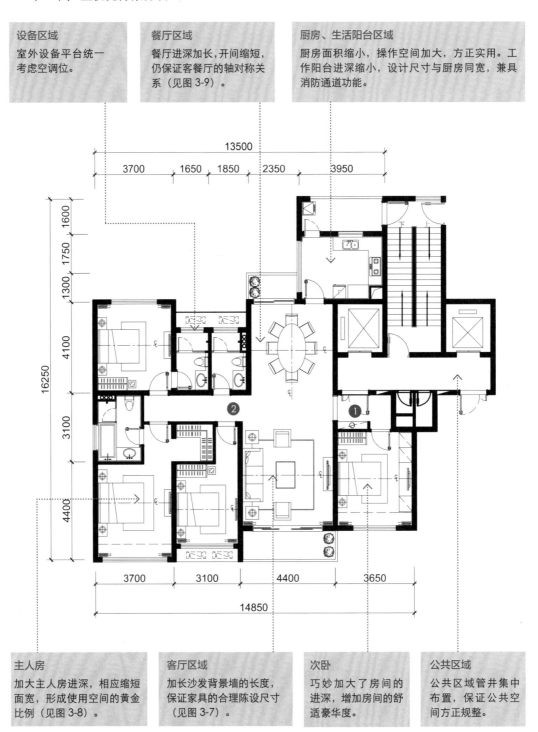

设备区域
室外设备平台统一考虑空调位。

餐厅区域
餐厅进深加长，开间缩短，仍保证客餐厅的轴对称关系（见图3-9）。

厨房、生活阳台区域
厨房面积缩小，操作空间加大，方正实用。工作阳台进深缩小，设计尺寸与厨房同宽，兼具消防通道功能。

主人房
加大主人房进深，相应缩短面宽，形成使用空间的黄金比例（见图3-8）。

客厅区域
加长沙发背景墙的长度，保证家具的合理陈设尺寸（见图3-7）。

次卧
巧妙加大了房间的进深，增加房间的舒适豪华度。

公共区域
公共区域管井集中布置，保证公共空间方正规整。

图3-6　标准层户型优先方案分析图

图 3-7　客厅区域

图 3-8　主卧区域

图 3-9　餐厅区域

图 3-10　玄关区域

（三）设计遗憾

❶ 入口玄关过渡位略显空间紧迫。

❷ 房门斜对卫生间门。

双优设计实例三
南北对流奢享大户型

武汉广电江堤村交楼标准项目

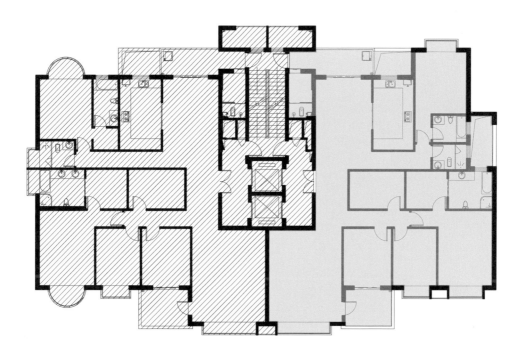

图 3-11　原建筑单体平面图

▶ **户型信息**

奢享型（四档）

高层，一层两户

户型结构：五房两厅四卫

优化前套内建筑面积：208 m²

优化后套内建筑面积：212 m²

▶ **户型优化条件**

√ 可对不合理的空间进行调整。

√ 建筑室内外定位欧式新古典风格。

√ 户型面积可适当调整。

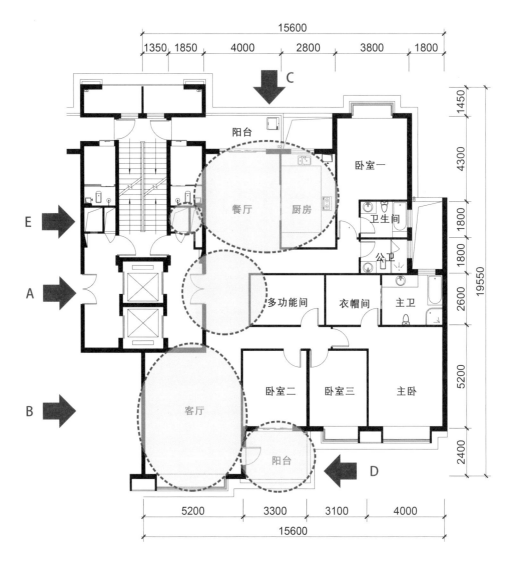

图 3-12　原标准层户型平面分析图

（一）户型症状分析要点

A. 玄关空间与户型档次不匹配，没有考虑鞋柜功能，多功能房位于户型正中，将休憩区域分割开形成两条过道，不仅各空间较分散，各空间之间的路线也不顺畅。

B. 客厅在整体布局的位置显得过于隐蔽，与户型档次不匹配。

C. 厨房与餐厅的面积配比不合理。

D. 南向阳台的布局位置不能体现户型的优势。

E. 公共部分的空间不规整，风井及消防栓的位置不合理。

（二）户型优先成果分析

客厅、餐厅、过厅区域
餐厅开间扩大，利用过厅的细部空间增设储酒空间，提升户型的品质功能。餐厅、过厅、客厅三个空间形成轴线对称关系，突显出欧式风格的气质。

餐厅区域
适度缩窄厨房面宽，增加餐厅面宽，保证其功能性与观赏性，餐厅处增设立柜。

卫生间区域
卫生间集中布局。双公卫的设计是考虑到家人和访客的分开使用，增加使用的灵活性。

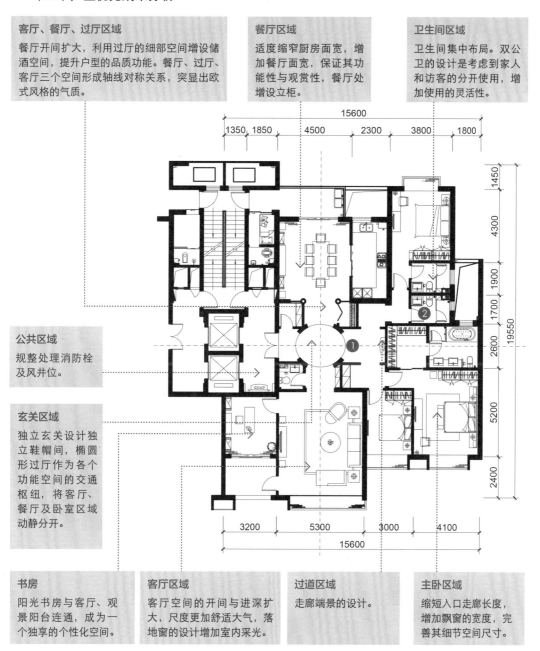

公共区域
规整处理消防栓及风井位。

玄关区域
独立玄关设计独立鞋帽间，椭圆形过厅作为各个功能空间的交通枢纽，将客厅、餐厅及卧室区域动静分开。

书房
阳光书房与客厅、观景阳台连通，成为一个独享的个性化空间。

客厅区域
客厅空间的开间与进深扩大，尺度更加舒适大气，落地窗的设计增加室内采光。

过道区域
走廊端景的设计。

主卧区域
缩短入口走廊长度，增加飘窗的宽度，完善其细节空间尺寸。

图 3-13　标准层户型优先成果分析图

（三）设计遗憾

❶ 进深太长，造成内走廊采光严重不足。

❷ 公卫离次卧距离较远。

双优设计实例四
个性化奢享户型

浙江正方上林院高层洋房个性化项目

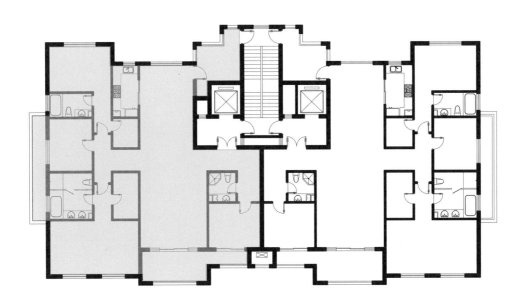

图 3-14　原建筑单体平面图

▶ **户型信息**

奢享型（四档）

高层，一层两户

户型结构：四房两厅三卫

优化前套内建筑面积：215 m²

优化后套内建筑面积：244 m²

▶ **户型优化条件**

√ 建筑初步方案还未报建，按户型优先条件进行全方位调整，并适度扩大户型面积。

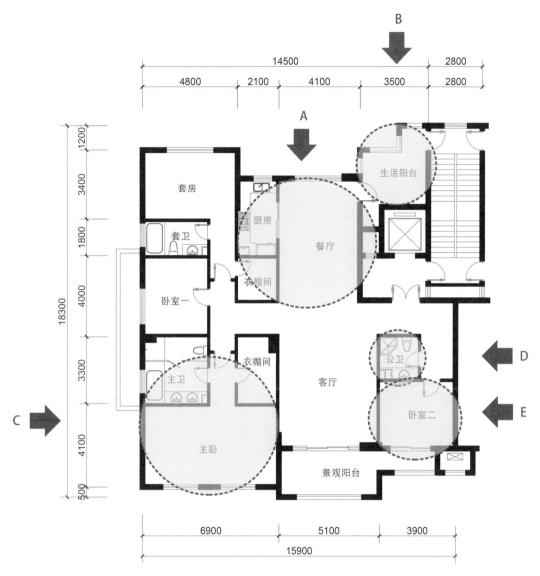

图 3-15　原标准层户型平面分析图

（一）户型症状分析要点

A. 厨房面积相对整个户型过小。餐厅进深尺度尴尬，中餐和早餐同时布局进深不够，仅中餐用途空间又过于浪费。

B. 缺少保姆房。

C. 主卧占据室内空间过大，空间利用率低，不方便家具摆放。

D. 岛状暗卫，对"风水"很不利。

E. 次卧面宽过宽，浪费面积，且进门直对床位，私密性极差。

（二）户型优先成果分析

餐厅、厨房区域
增加厨房面积，岛型橱柜设置还可以兼备早餐功能。加大餐厅的进深，增加酒吧功能。

工作区区域
增加独立保姆房、卫生间及操作间。

公共区域
定位为高端客户群体。家人和家务动线从公共空间就开始进行相对应的分流。

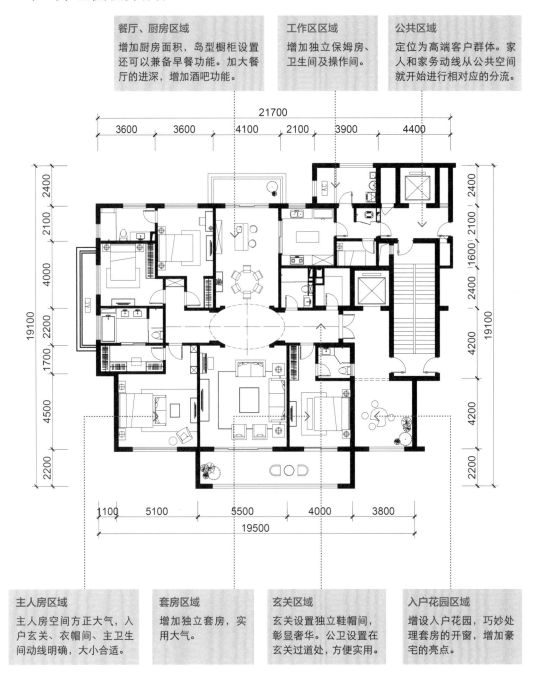

主人房区域
主人房空间方正大气，入户玄关、衣帽间、主卫生间动线明确，大小合适。

套房区域
增加独立套房，实用大气。

玄关区域
玄关设置独立鞋帽间，彰显奢华。公卫设置在玄关过道处，方便实用。

入户花园区域
增设入户花园，巧妙处理套房的开窗，增加豪宅的亮点。

图 3-16 标准层户型优先成果分析图

双优设计实例五
实用多房户型

珠海招商依云水岸交楼标准项目

图 3-17 原建筑单体平面图

▶ **户型信息**

刚需型（一档）

高层，一层四户

户型结构：三房两厅两卫

优化前套内建筑面积：95.5 m²

优化后套内建筑面积：95.5 m²

▶ **户型优化条件**

√ 按优先条件进行户型调整，外墙可略动，室内承重墙及管井可调整。

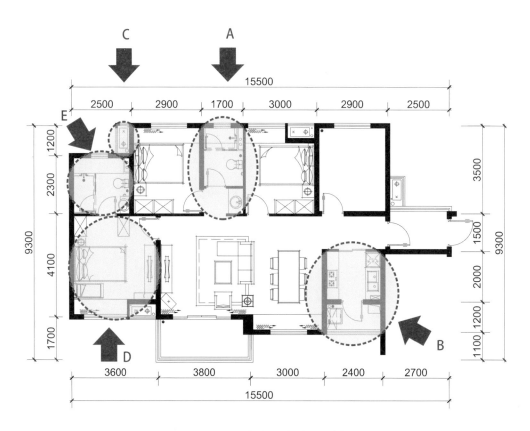

图 3-18　原标准层户型平面分析图

（一）户型症状分析要点

　　A. 公卫的过道位置正对客厅，使人心理上感觉不舒服，而且南北对流的空气质量也会受到影响。

　　B. 厨房的可操作空间太小，与餐厅互动性不强。

　　C. 各空间空调室外机的摆放位置明露，影响建筑外观。

　　D. 主卧进深面宽比不合理，不方便室内陈设，且卫生间门直对主卧床。

　　E. 卫生间管井位布局不合理，飘窗浪费太大。

（二）户型优先方案分析

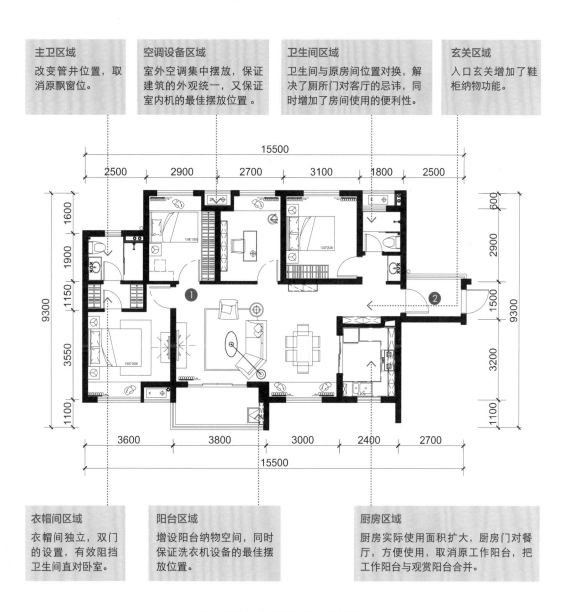

主卫区域
改变管井位置，取消原飘窗位。

空调设备区域
室外空调集中摆放，保证建筑的外观统一，又保证室内机的最佳摆放位置。

卫生间区域
卫生间与原房间位置对换，解决了厕所门对客厅的忌讳，同时增加了房间使用的便利性。

玄关区域
入口玄关增加了鞋柜纳物功能。

衣帽间区域
衣帽间独立，双门的设置，有效阻挡卫生间直对卧室。

阳台区域
增设阳台纳物空间，同时保证洗衣机设备的最佳摆放位置。

厨房区域
厨房实际使用面积扩大，厨房门对餐厅，方便使用，取消原工作阳台，把工作阳台与观赏阳台合并。

图 3-19　标准层户型优先方案分析图

（三）设计遗憾

❶ 房门位置过于集中在客厅明墙位。

❷ 入户花园与走廊位偏长，有些浪费空间。

双优设计实例六
豪宅精装修户型

温州银都花园交楼标准项目

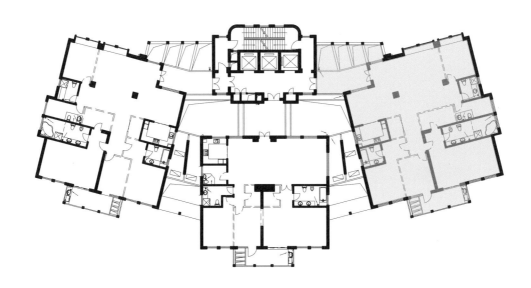

图 3-20　原建筑单体平面图

▶ **户型信息**

奢享型（四挡）

高层，一层三户

户型结构：四房两厅四卫

优化前套内建筑面积：260 m²

优化后套内建筑面积：260 m²

▶ **户型优化条件**

√ 建筑外观不能改动。

√ 结构柱及剪力墙不能改动。

√ 管井位可局部调整。

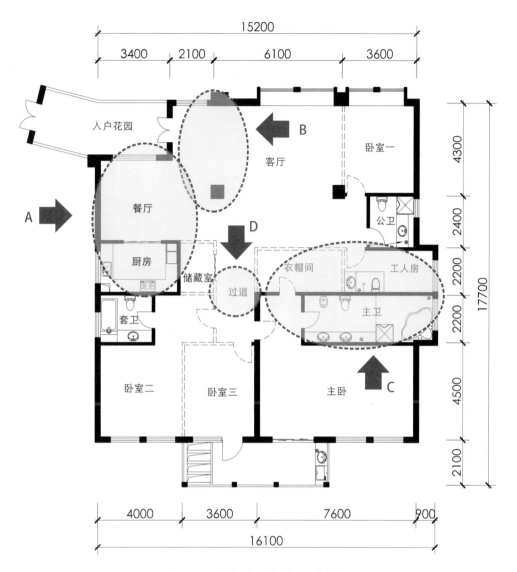

图 3-21 原标准层户型平面分析图

（一）户型症状分析要点

A. 厨房、餐厅面积过小，不能充分体现出豪宅空间的特点。

B. 公共空间与各功能区的关系不明确。

C. 衣帽间使用流线不当，主卫面积配比过大。

D. 公共空间拥挤。

（二）户型优化方案分析

玄关区域

大门正对面展示屏风立面，预设边柜位，展示及置物双重属性。足够的玄关过渡空间，增设足够的立柜位，容纳杂物，展示豪宅交楼标准的贴心服务。（见图3-26）

客厅、餐厅区域

客厅 6.1 m 的面宽及独立开敞的空间，彰显豪宅的大气。餐厅位置的移位，实属无奈之举，但与客厅的联通互动，把餐厅独立采光的弱势弥补了不少。（见图3-27）

多功能房区域

多功能房的设置加大了面宽，保证居住的可能性。

厨房、早餐厅区域

U 形橱柜布局，操作及储物空间充足。移动了烟管的位置，巧妙利用入户花园作为走道采光的渠道，为家的温情增添光彩。早餐区域的设置，西餐类的高柜，演绎出豪宅的便利性和展示性。

工人房区域

工人房合理位置，紧凑布局。

卧室一区域

次卧的面宽进深比，仍体现豪宅的高规格要求。管道井及衣帽间的巧妙设置，为次卧的紧凑型空间提供合理性（见图3-28）。

主人房区域

主人房位置及空间合理，用室内分隔的手法，增加工作区。主卫虽然压缩了面积，但依然不影响各设备的配置。主人房衣帽间的位置调整，梳理了与卫生间的关系，增加便利性。

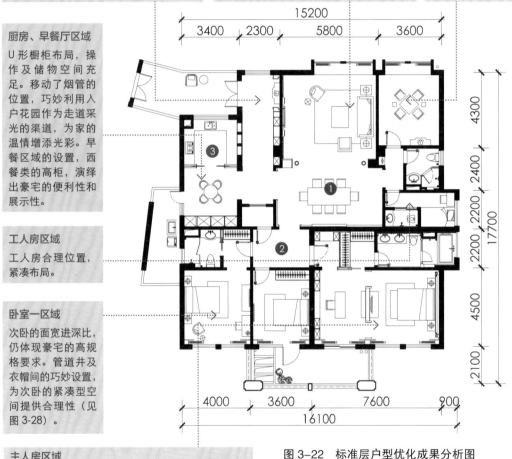

图 3-22　标准层户型优化成果分析图

（三）成果遗憾

❶ 餐厅位置的设置，采光通风一般，且独立性不够，处在人流线的交汇处。

❷ 入房门厅区域相对偏小，处于四门的交集位，且对应关系不明确。

❸ 厨房的功能性加强了，但开窗面向入户花园，对入户花园的空气有影响。

图 3-23　玄关区域

图 3-24　客厅、餐厅区域

图 3-25　卧室一区域

双优设计实例七
东莞心怡半岛花园交楼标准项目

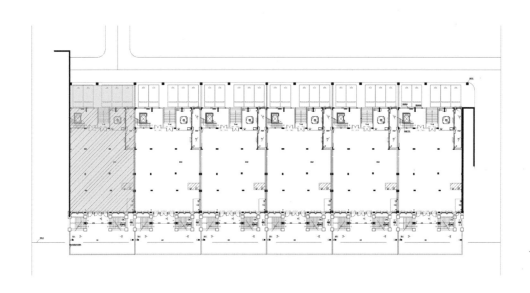

图 3-26　原建筑单体组合平面图

▶ **户型信息**

奢享型（四档）

联排院墅户型结构：地上两层，地下两层

优化前套内建筑面积：709 m²

优化后套内建筑面积：709 m²

▶ **户型优化条件**

√ 建筑外观不能改动。

√ 结构柱及剪力墙可局部调整。

√ 管井位可局部调整。

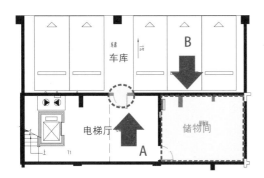

图 3-27　原建筑单体地下二层平面分析图

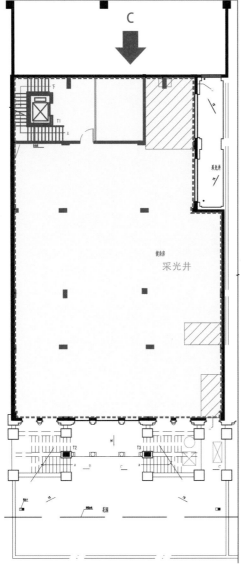

图 3-28　原建筑单体地下一层平面分析图

（一）户型症状分析要点

1. 地下二层户型症状分析要点

A. 作为豪宅地下车库入口，是彰显主人身份并且经常通过之处，单扇门不够大气。

B. 虽然为地下室公共空间，但未按功能进行细分，以体现空间的层次。杂物房空间，作为主人停放爱车的纳物空间，更应分类细化其功能。

2. 地下一层户型症状分析要点

C. 由于地下层的柱体、结构以及设备位相互对应，建筑设计未对此区域做深入的细化，对豪宅而言，地下室最能体现主人的个人品位，对于设计师而言，也是难以琢磨透彻高端豪宅居住者的各种生活状态。

3. 首层户型症状分析要点

D. 对别墅空间来说，玄关的纳物空间不足，难以体现高品质住宅的特点。

E. 会客厅现有空间太小，作为别墅住宅空间不够开敞，倍显局促。

F. 书房位的设置应该为相对安静的地方，与会客厅相邻不适宜。

G. 卫生间门正对电梯门，不合理。

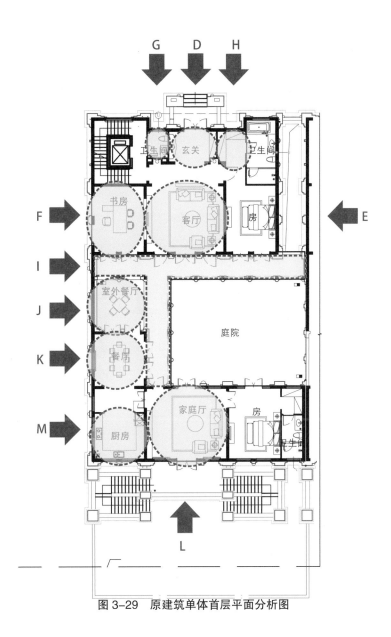

图 3-29　原建筑单体首层平面分析图

　　H. 作为别墅首层，更多地要考虑公共功能的设置，卧室无需设置太多。

　　I. 作为联排院墅，各个功能空间以庭院为中心，由连廊相互连通。虽然空间层次丰富，但是容易造成户内活动线太长。

　　J. 因为有室内大庭院，室外餐厅的设置倍显多余，且处于中心位。

　　K. 长方形的空间不适宜摆设圆桌，虽显气派，但不适合中国家庭使用。

　　L. 家庭厅设置在首层不方便聚会，应设置在地下层的多功能厅。

　　M. 厨房面积过大，不适宜多功能的操作，且缺少早餐厅。

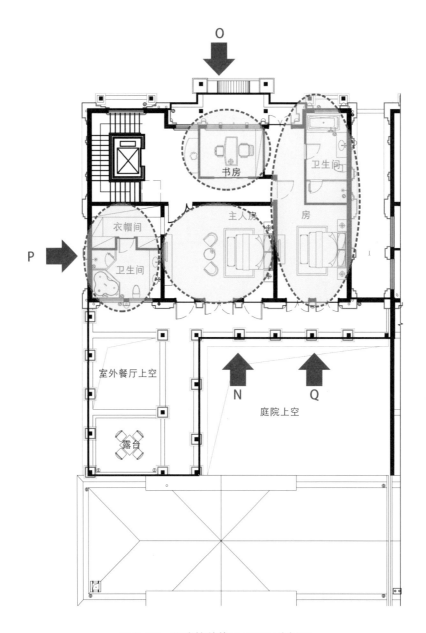

图 3-30　原建筑单体二层平面分析图

4. 二层户型症状分析要点

N. 主人房南北不通透，没有过渡区，私密性差。

O. 书房偏小且孤立，处于交通的交织点不合适。

P. 卫生间处于书房文昌位上方，不符合居住者心理要求，且衣帽间偏小。

Q. 二层应作为主人的专属区域，空间使用率较低。

（二）户型优先成果方案分析

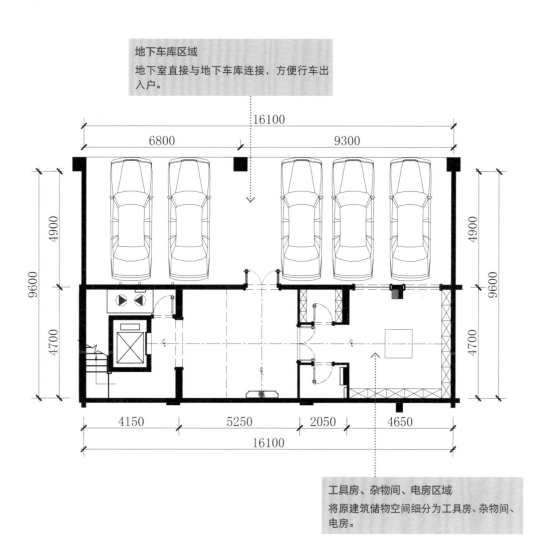

图 3-31　地下二层户型优先成果方案分析图

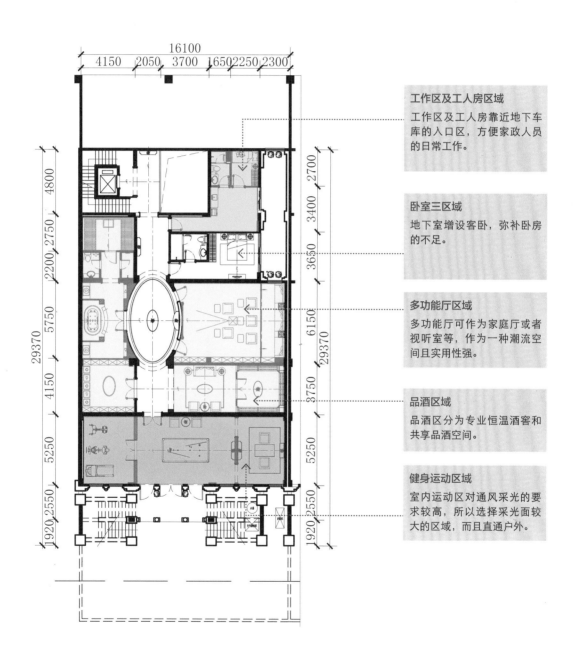

工作区及工人房区域

工作区及工人房靠近地下车库的入口区，方便家政人员的日常工作。

卧室三区域

地下室增设客卧，弥补卧房的不足。

多功能厅区域

多功能厅可作为家庭厅或者视听室等，作为一种潮流空间且实用性强。

品酒区域

品酒区分为专业恒温酒窖和共享品酒空间。

健身运动区域

室内运动区对通风采光的要求较高，所以选择采光面较大的区域，而且直通户外。

图 3-32　地下一层户型优先成果方案分析图

公卫区域
公卫恰到好处的设置，避开了电梯口，且处于最方便的位置。

会客厅区域
会客厅处于家庭的中心位置，两端设置偏厅及钢琴区彰显主人的阔绰与豪气。

水吧区域
水吧区设置成一个圆形功能过渡区，与钢琴区、餐厅区交相呼应。

早餐厅区域
以餐厅为中心的两个圆形过渡区，兼具功能设置。刚好临近厨房的圆形空间，作为早餐厅恰到好处。

宴会厅区域
宴会厅的设置，完善了豪宅用餐聚会的多功能用途，成就了中式大户人家的豪宅要求。

玄关区域
宽敞大气的入口玄关，让人一进门就倍觉豪气，且设置两个完全对称的小过厅，空间层次丰富。

衣帽间区域
玄关区域设计专业鞋帽间，并且将纳物分类，提高公共纳物空间的有效利用率，突出主人对生活的高品质要求。

餐厅区域
将连廊空间与室内空间相互融合，使客厅、餐厅空间通过钢琴厅，与水吧区连通，形成丰富灵活的户内活动动线。这不仅无形中打破了联排别墅大进深的固有不足，而且作为阳光西餐厅，便于朋友聚会，大气浪漫。

卧室二区域
一层南向卧室可以作为老人房，不需要上下楼而且靠近户内庭院，方便老人室内外的起居活动。与用餐区相邻，既可以集中家庭活动，而且也形成了老年人相对独立的活动区域。

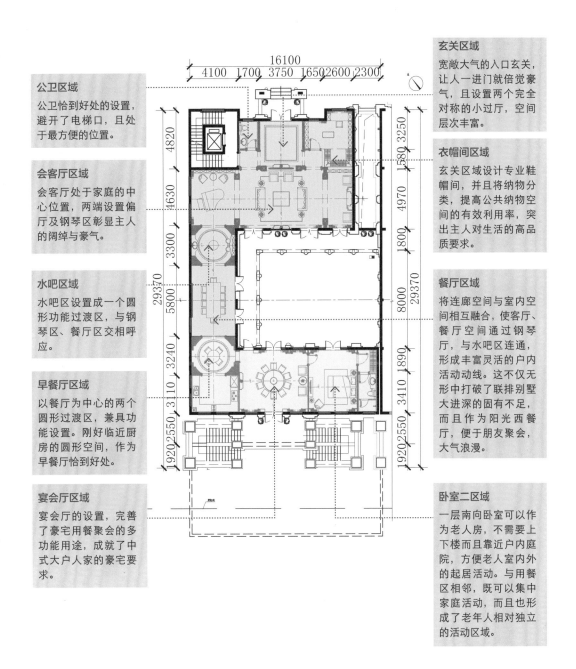

图 3-33 首层户型优先成果方案分析图

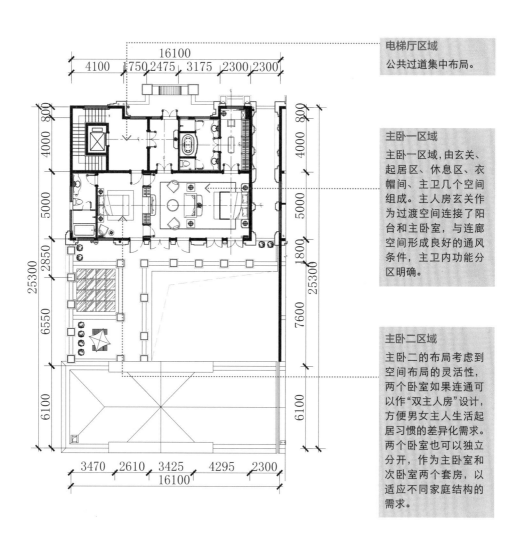

电梯厅区域
公共过道集中布局。

主卧一区域
主卧一区域，由玄关、起居区、休息区、衣帽间、主卫几个空间组成。主人房玄关作为过渡空间连接了阳台和主卧室，与连廊空间形成良好的通风条件，主卫内功能分区明确。

主卧二区域
主卧二的布局考虑到空间布局的灵活性，两个卧室如果连通可以作"双主人房"设计，方便男女主人生活起居习惯的差异化需求。两个卧室也可以独立分开，作为主卧室和次卧室两个套房，以适应不同家庭结构的需求。

图 3-34 二层户型优先方案分析图

双优设计实例八

海口长信蓝郡交楼标准项目

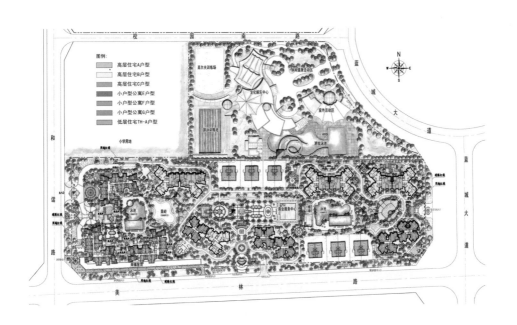

图 3-35　规划平面图

▶ **户型信息**

刚需型（一档）

11 层（无地下车库），一层四户

户型结构：两房两厅双卫

优化前套内建筑面积：72 m²

优化后套内建筑面积：75 m²

▶ **户型优化条件**

√ 从对单体户型到单体建筑及组合建筑的全方位优先调整。

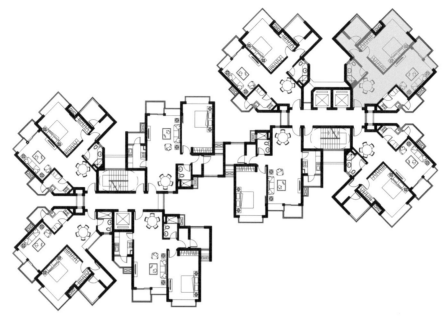

图 3-36　原建筑单体组合平面图

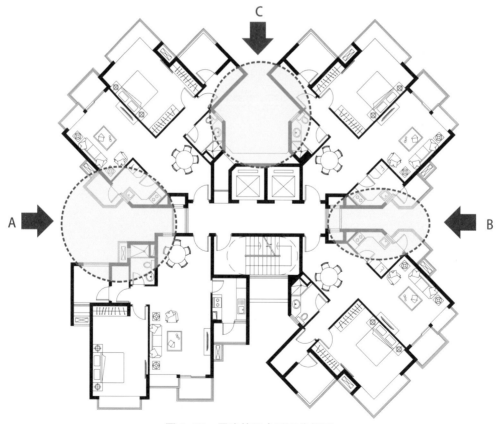

图 3-37　原建筑组合平面分析图

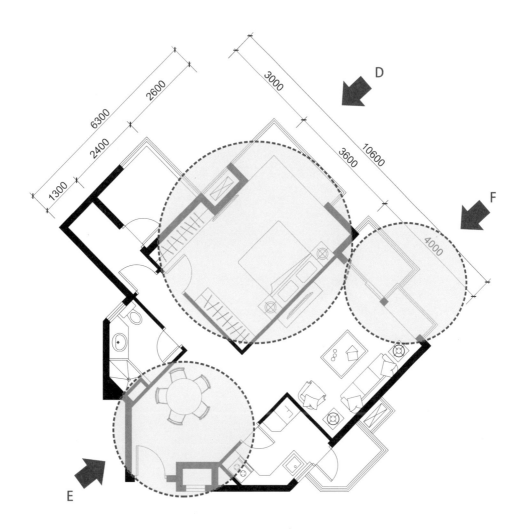

图 3-38 原建筑标准层户型平面分析图

（一）户型症状分析要点

A. 相邻楼距太近，影响室内采光及通风，私密性不强。

B. 管井位置不合理，影响室内空间使用，各自阳台距离太近，安全性与私密性差。

C. 楼距太近且呈尖角对撞，不利于采光、通风。

D. 主卧室面积过大，无配套主卫。

E. 餐厅空间采光不足，浪费面积较大。

F. 阳台及飘窗变化太多，不利于成本的控制及外拦杆的收口设计。

（二）户型优先方案分析

1. 单个户型优先方案分析

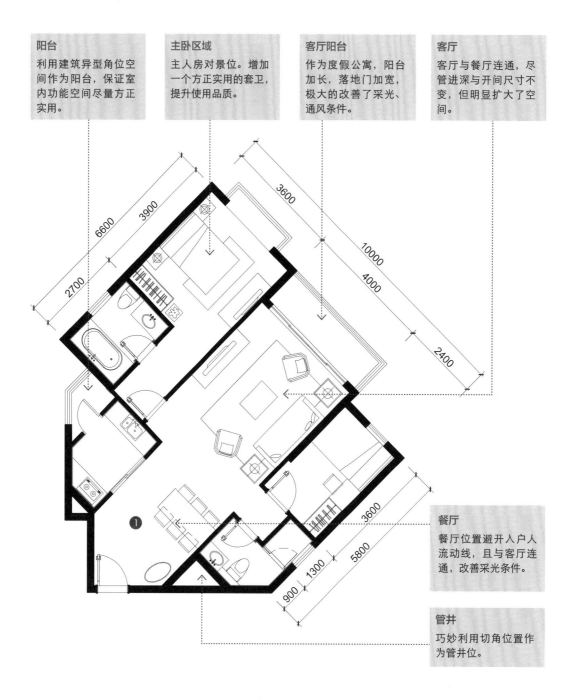

阳台
利用建筑异型角位空间作为阳台，保证室内功能空间尽量方正实用。

主卧区域
主人房对景位。增加一个方正实用的套卫，提升使用品质。

客厅阳台
作为度假公寓，阳台加长，落地门加宽，极大的改善了采光、通风条件。

客厅
客厅与餐厅连通，尽管进深与开间尺寸不变，但明显扩大了空间。

餐厅
餐厅位置避开入户人流动线，且与客厅连通，改善采光条件。

管井
巧妙利用切角位置作为管井位。

图 3-39　标准层户型优先方案分析图

取消室外阳台，调整其他单体建筑整体位置，使楼距拉开，有利于采光、通风，加强私密性。

通过调整室内空间的布局，拉开两建筑单体的狭窄位，以有利于采光、通风，加强私密性。

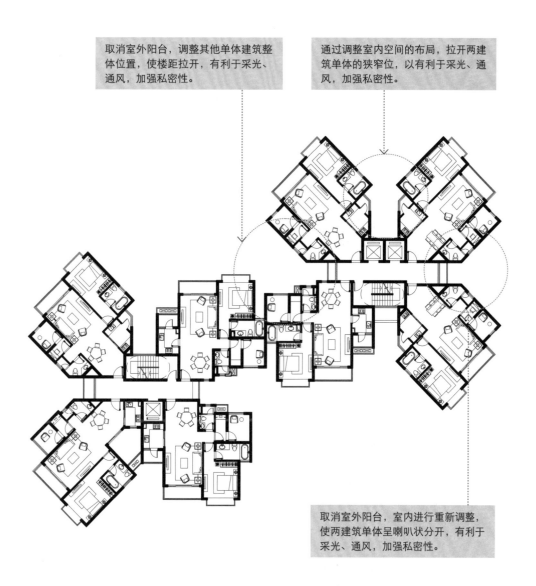

取消室外阳台，室内进行重新调整，使两建筑单体呈喇叭状分开，有利于采光、通风，加强私密性。

图 3-40　标准层优先设计方案成果组合平面分析图

（三）成果遗憾

❶ 由于扩大景观面的需要，室内空间存有不少尖角位，尤其餐厅尖角位造成大的空间浪费。

双优设计实例九

君侯食品厂原老厂区改造工程（住宅）

图 3-41　东南面鸟瞰图

▶ **经济技术指标及户型信息**

总用地面积：5983.6 m²

总建筑面积：35496 m²

其中：地下 4980 m²，地上 30516 m²

建筑密度：32%

容积率：5.1

绿地率：30%

建筑层数：地下 1 层，地上 20 层

停车泊位：0.3 辆 / 户

户型标准：刚需型（一档）

户型结构：两房、三房

▶ **户型优化条件**

√ 在满足规划设计条件下，套数多、户内房间多、得房率高。

√ 各房间达到自然通风采光，不接受暗房间。

√ 建筑风格定位为现代式。

图 3-42　建设用地规划红线图

（一）设计难点分析

A. 场地位于武穴市老城区，周边现有建筑密集，日照、消防设计难度大。

B. 规划设计指标中建筑密度低，限高 20 层，但容积率高，与业主要求有冲突。

C. 场地呈不规则形状，土地利用率很低。西面河港需留出 15 m 宽蓝线控制区域，用地更加狭窄（见图 3-42）。

D. 场地中间有 12 m 宽的城市规划道路斜穿，严重影响小区内的整体规划布局。

E. 项目定位为刚需型中端产品（一档），业主要求套数多、户型内房间多，需减少共有面积分摊。

F. 户型面宽小、进深大，易产生暗房间，各房间达到自然通风采光不易（原设计院所做的户型设计未达到开发商要求）。

G. 客户要求下部设置 2 层商业裙房，上部塔楼设置 18 层住宅。因地下室停车、下部商业和上部住宅布置因各自功能要求不同，平面尺寸难以统一，结构布置矛盾冲突明显，如设置结构转换层则增加建设成本。

H. 去除绿化和道路用地后，可用空地少，而且地下开发空间相当有限。机动车、非机动车停车指标难以满足。

（二）优先设计方案分析

1. 总体规划方案分析

按照户型大师设计理念，户型设计在项目策划、规划设计开始阶段即提前切入，自户型设计着手，与建筑设计、景观设计和室内设计等相关团队紧密配合，通过反复沟通，有效地消化设计任务，解决了存在的各种问题，满足了规划设计条件和业主的要求。

对于城市规划道路斜穿小区的问题，经过与规划部门协商，从城市设计的角度出发，把道路稍微调整角度，使其与南侧城市主干道——永宁大道平行，南楼 A 栋沿城市道路平行布置，并使两栋建筑朝向与西侧东港河的走向取得良好对话（见图 3-43）。虽然城市道路横穿小区的影响依然存在，但是已降低到最小。

经过多方反复协调，规划部门同意了设计方提出的该部分城市道路下方设置地下机动车停车库的方案，在南北两栋建筑的正下方则设置夹层布置非机动车车库。解决了停车场地狭窄的问题，而且开发商主动提出来出资建设，各方皆大欢喜。

受场地地形限制，场地内只能布置两幢建筑，楼栋形式选择则不拘泥于板楼塔楼的形式（见图 3-41、图 3-44），以满足日照间距、消防间距以及容积率要求为首要任务。

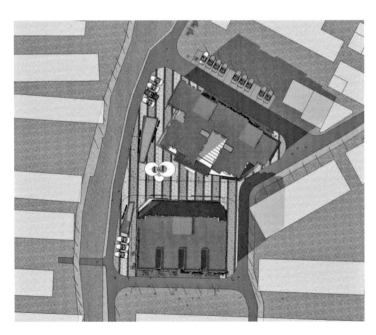

图 3-43　优化后规划总平面图

图 3-44　东北面鸟瞰图

图 3-45　东南面人视图

2. 建筑设计方案分析

建筑设计创意源于"掰开的石榴"。南楼 A 栋的东、西、南外侧，以及北楼 B 栋的东、西、北外侧墙面，采用浅色建筑材料饰面代表石榴外皮；两幢楼相对的外墙选用颜色较深的饰面材料，寓意内核包裹成熟石榴的沉甸甸的籽粒（见图 3-44、图 3-45）。

城市规划道路把南北两幢建筑串联成一个整体，同步进行景观设计，在道路穿越建设用地的两侧空地布置建筑小品和绿化，和城市道路一起组合成浑然一体的小区中心广场，创造宜人的室外环境。该部分的道路铺设和两侧地面相同材质、相同图案的地砖，因为与规划道路其他部分截然不同，自然形成了具有鲜明风格的标志性建筑，打破住宅建筑千篇一律的形象（见图 3-46、图 3-47、图 3-48）。

　　建筑标准层层高选择 2.95 m 而不是常规的 3.00 m，考虑两方面因素。一方面保证了刚需型居住用房的舒适性；另一方面减少一个踏步可以减小剪刀梯的长度 0.26 m，有效地减小了共用面积分摊。

　　结构形式选用框架结构，局部加剪力墙或异形柱。一般情况住宅内房间的角部和顶棚会受到框架柱、梁等结构构件的布置而影响室内空间的设计和使用，但武穴市抗震设防烈度为六度，局部换成异形柱的结构方案是可行的。

　　上部户型空间布置则尽量采用相同模数的进深和开间，力求框架结构的柱网布置有规律，受力明确、结构布置方案合理，减少底层商业网点和地下室各层的先天不足或缺陷；同时，因为框架的结构柱网是根据上部住宅功能布置且没有采取结构转换，下部平面布局更需反复优化以规避影响底层商业和地下室车库的使用功能，从而达到有效控制开发建设成本的目的。

图 3-46　广场西入口人视图

图 3-47　广场东入口人视图

图 3-48　住宅首层屋顶平台

3. 户型设计方案分析

首先经过市场调研，以及开发商、策划营销再三推敲、反复调整，最终确定了该项目户型配比：以三房两厅两卫为主，建筑面积控制在 110~130 m²/ 套；两房两厅两卫为辅，建筑面积控制在 95~100 m²/ 套。

户型设计对标准层户型内各功能空间的面积经过反复比较进行了合理分配，重点对公共区域的布局进行优化，两幢建筑物达到了共有面积分摊少、得房率高的目的。南楼 A 栋共有建筑面积分摊系数（K）0.195，得房率83.5%；北楼 B 栋分摊系数（K）0.275，得房率 78.5%。两幢建筑物标准层的户型和公共区域建筑面积分布情况分析见表 3-1、表 3-2。

表 3-1　A 栋 户型和公共区域建筑面积分析表

部 位	套内建筑面积（m²）	建筑面积（m²）
A1（3 房 2 厅 2 卫）	96.235	114.906
A2（3 房 2 厅 2 卫）	93.880	112.094
A3（3 房 2 厅 2 卫）	93.880	112.094
A4（3 房 2 厅 2 卫）	96.235	114.906
A5（3 房 2 厅 2 卫）	103.305	123.347
A6（3 房 2 厅 2 卫）	102.270	122.112
核心筒、走道		80.530
外墙		18.000
标准层		684.335

表 3-2　B 栋 户型和公共区域建筑面积分析表

部 位	套内建筑面积（m²）	建筑面积（m²）
B1（3 房 2 厅 2 卫）	97.290	124.001
B2（3 房 2 厅 2 卫）	97.290	124.001
B3（3 房 2 厅 2 卫）	97.350	124.078
B4（3 房 2 厅 2 卫）	101.880	129.934
B5（2 房 2 厅 2 卫）	78.270	99.759
B6（2 房 2 厅 2 卫）	78.270	99.759
B7（3 房 2 厅 2 卫）	91.500	116.622
核心筒、走道		64.710x2
外墙	792.13	20.560
标准层		792.130

　　标准层户型内各功能空间的面积分配比例合适，空间尺度和尺寸合理、朝向良好，各房间保证了自然通风和采光，除部分户型的主卫外，基本杜绝了暗房。A栋布置一个单元两梯六户，B栋设置两个单元两梯四户和两梯三户，A栋、B栋的标准层户型优先设计方案见图3-49、图3-50。以A5、B1两个户型为例，对A栋、B栋两幢建筑物标准层的户型及公共区域的优先设计方案分析如下。

卧室区域
该户型将居住者休息的静区（卧室区域）设置在内侧，离居住者活动较为频繁的动区和门口相对较远。动静分区明确，两者相互间的干扰少。

客厅、餐厅区域
客厅、餐厅连为一体，方正大气。餐厅和厨房有良好互动，家务动线、家人动线、访客动线三条动线相互间干扰小，使用通畅。

工作阳台区域
工作阳台独立设置，开门不影响厨房流线。将拖把池、洗衣机、热水器等设备位置进行整体规划。

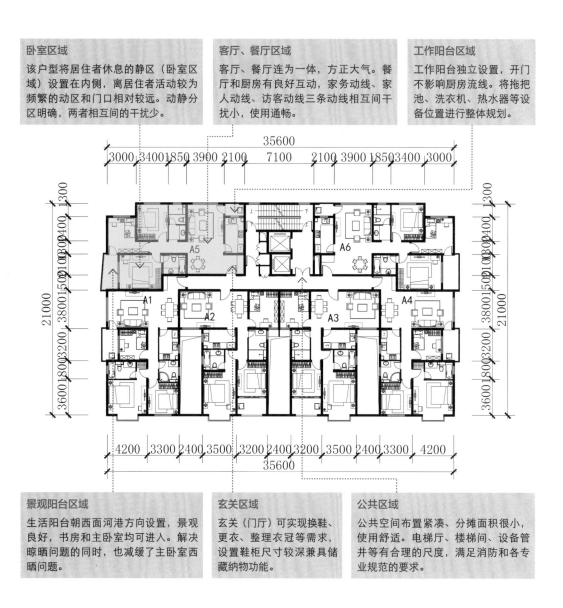

景观阳台区域
生活阳台朝西面河港方向设置，景观良好，书房和主卧室均可进入。解决晾晒问题的同时，也减缓了主卧室西晒问题。

玄关区域
玄关（门厅）可实现换鞋、更衣、整理衣冠等需求，设置鞋柜尺寸较深兼具储藏纳物功能。

公共区域
公共空间布置紧凑、分摊面积很小，使用舒适。电梯厅、楼梯间、设备管井等有合理的尺度，满足消防和各专业规范的要求。

图3-49　B栋标准层户型优先设计方案分析图

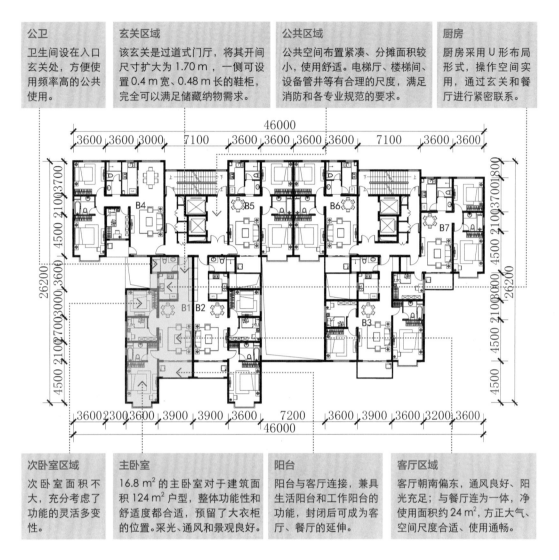

公卫
卫生间设在入口玄关处，方便使用频率高的公共使用。

玄关区域
该玄关是过道式门厅，将其开间尺寸扩大为 1.70 m，一侧可设置 0.4 m 宽、0.48 m 长的鞋柜，完全可以满足储藏纳物需求。

公共区域
公共空间布置紧凑、分摊面积较小，使用舒适。电梯厅、楼梯间、设备管井等有合理的尺度，满足消防和各专业规范的要求。

厨房
厨房采用 U 形布局形式，操作空间实用，通过玄关和餐厅进行紧密联系。

次卧室区域
次卧室面积不大，充分考虑了功能的灵活多变性。

主卧室
16.8 m² 的主卧室对于建筑面积 124 m² 户型，整体功能性和舒适度都合适，预留了大衣柜的位置。采光、通风和景观良好。

阳台
阳台与客厅连接，兼具生活阳台和工作阳台的功能，封闭后可成为客厅、餐厅的延伸。

客厅区域
客厅朝南偏东，通风良好、阳光充足；与餐厅连为一体，净使用面积约 24 m²，方正大气、空间尺度合适、使用通畅。

图 3–50　B 栋标准层户型优先设计方案分析图

（三）设计遗憾

❶ 日照设计各个户型均能够满足规划要求，但 A 栋的 A4、A5 户型缺少朝南房间。

❷ 受地形限制，A 栋设置凹槽保证了房间能够自然通风采光，但 A1~A4 户型的厨房、卫生间存在对视；B 栋的 B2~B3 户型虽相距 7.2m，次卧室仍存在对视。设计方案采用不正对开设窗户措施来弥补不足。

❸ B 栋的 B1、B2、B3 户型卫生间距次卧室的距离稍远。

❹ 因面宽受地形限制，公共区域的内走廊无自然采光，需要人工照明解决。

第二章 标准化户型的设计流程

一、户型标准的制定 /155

二、户型精装修设计流程 /157

三、施工控制节点 /169

四、标准化户型的精装修材料、功能配置及成本控制 /173

一、户型标准的制定

户型标准化是实现住宅项目产业化的前提，其中制定标准化户型的过程是关键环节。标准化户型一定是基于经过市场验证后的相对成熟的户型产品，综合市场、专业、成本等因素从中筛选出较为优秀的户型，再通过专业设计反复推敲，加上一定程度地创新完善，保证能够满足绝大多数居住者生活需求的住宅户型产品。所以，户型标准的制定是一个相对长期的研发过程。首先，必然要有长期户型实践的积累，还要有市场客观反馈的信息，最为重要的是对居住者现在和未来生活状态的深层次理解和预测。

以下是一个刚需档住宅的标准化户型案例（见图3-51、图3-52）。

（一）标准层建筑平面图

标准层建筑平面图

图3-51 标准层建筑平面图

（二）标准化户型特点

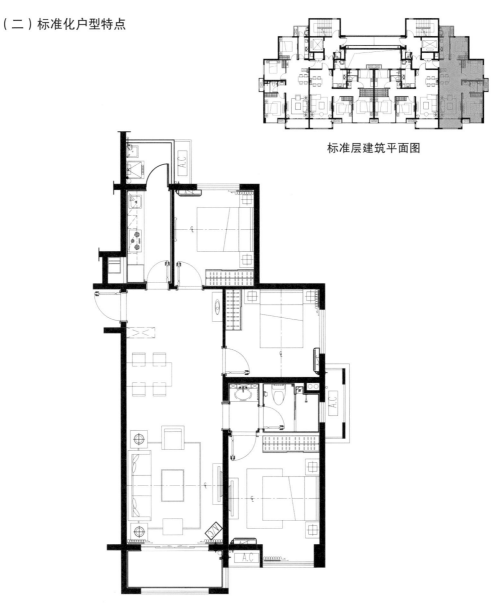

标准层建筑平面图

图 3-52　标准户型平面布置图

标准化户型的特点

1. 户型方正实用，功能空间分区明确、合理。

2. 空间利用率高。

3. 房间多且空间尺度舒适。

4. 客厅、餐厅相互连通，空间南北通透，互动性强。

5. 南向大面积观景阳台，北向生活阳台。

▎二、户型精装修设计流程

标准化户型产品制定并取得确认推广后，接下来要谈一下和标准化产品紧密相关的精装修设计环节，这个标准化环节是对应不同的户型标准制定出相应 "档位" 的标准——精装修标准，具体可参见第二篇《户型标准和精装修标准参考表》对户型标准的级配分类。选取标准层的边户为例，来详解一下户型精装修标准的设计流程（见图3-53）。

（一）标准化户型基本信息

图 3-53　户型平面布置图

表 3-3　户型基本信息

户型基本信息	
建筑面积	80 m²
功能空间	地面标高
客厅、餐厅	±0.00
主卧	±0.00
卧室一	±0.00
卧室二	±0.00
厨房	−0.02
卫生间	−0.02
玄关	±0.00
阳台	−0.05
备注	表中标高关系单位为m，面积单位为m²；标高为装修完成面标高，以客厅标高±0.00为参照标高（相对本层建筑结构完成面约高5 cm）。

（二）精装修标准说明

首先，要定出户型精装修的具体标准，即对各个功能空间的造型设计、材料应用及设备配置做出明确规定，以保证同档次的标准化户型能够统一精装修的做法。此户型的精装修标准说明如下。

1. **墙身**：卫生间、厨房未被遮挡的墙身贴瓷砖，其他空间墙身均为乳胶漆。

2. **天花**：玄关、主卧、客厅、餐厅、厨房配局部造型天花刷白色乳胶漆；卫生间天花为白色集成吊顶；除此之外其他空间天花均刷白色乳胶漆。

3. **地面**：客厅地面铺抛釉砖，配踢脚线；卧室地面铺多层实木复合木地板，配踢脚线；卫生间和厨房未被遮挡的地面铺瓷砖；门槛石均为石材；客厅阳台和工作阳台地面铺防滑砖。

4. **窗户**：全屋选用铝合金门窗；配防护栏杆。

5. **窗台**：窗台板均为石材或人造石。

6. **门扇**：主入户门为防火门；卧室、主卫、公卫及厨房为木制门带门锁。

7. **卫生间**：品牌洁具及品牌花洒、龙头；成品浴柜、成品淋浴屏；配置品牌厕纸架、毛巾杆、角阀、地漏等小五金。

8. **厨房**：成品橱柜配人造石台面，不锈钢洗菜盆及冷热水龙头，品牌抽油烟机、消毒碗柜、煤气灶。

9. **阳台**：生活阳台配洗衣机水龙头及电源插座，配备一台品牌热水器。

10. **供水**：市政生活水，设置独立水表。

11. **供电**：每户设独立电表；客厅及卧室装吸顶灯（有吊顶天花部分加装筒灯）；厨房与卫生间为筒灯，配开关面板。卫生间设置顶部取暖设备。

12. **燃气**：每户独立燃气表，管道安装至户内并接至燃气灶及热水器。

13. **信息通讯设备**：全屋设置数字电视、电话、网络等插座。

14. **安全设备**：每个住宅单元均设监控、消防、可视对讲系统。

（三）标准化户型精装修设计

标准化户型精装修设计要对户型内部各空间的天花、地面、墙身进行设计细化，以达到空间美观、实用、舒适的目的。除此之外，各个功能空间的人性化配置也需充分考虑：充足且均匀布局的纳物空间，全屋的强弱电插座的预留位置和高度，天花灯的照度和位置，还有厨房和卫生间是设备集中的区域，小到一个卫生间地漏的位置和走水的设计等，这些都需要结合日常生活的真实体验对户型进行细致地推敲，悉心地设计。以下是标准化户型精装修设计的要点分析说明。

1. 地面设计

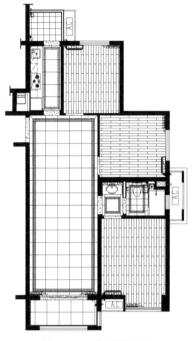

图 3-54　户型地面图

主要材料使用说明	
客厅、餐厅	地面复合瓷砖波打、瓷砖，墙面米白色乳胶。
主卧	地面复合木地板、墙面米白色乳胶漆。
卧室	地面实木复合木地板、墙面米白色乳胶漆。
厨房	地面瓷砖波打、瓷砖，墙面瓷砖。
公卫	地面瓷砖波打、瓷砖、米黄石材，墙面瓷砖。
过道	地面瓷砖波打、瓷砖，墙面米白色乳胶漆。
阳台	地面防滑瓷砖。
门槛	入户门门槛石为石材。

2. 天花设计

图 3-55　户型平面天花图

户型天花材料说明			
功能空间	天花材质	天花标高	标准灯具及说明
客厅餐厅	白色乳胶漆	2.50	吸顶灯及石英灯
主卧	白色乳胶漆	2.50	吸顶灯及筒灯
次卧	白色乳胶漆	板底	吸顶灯
卧室	白色乳胶漆	板底	吸顶灯
厨房	白色乳胶漆	2.33	吸顶灯（嵌入式）
公卫	铝合金扣板	2.33	吸顶灯盘
过道	白色乳胶漆	2.35	筒灯
阳台	白色防潮乳胶漆	板底	吸顶灯
备注	建筑层高为 2.9 m，表内标高为天花造型标高。		

3. 强电设计

图 3-56 户型强电图

图例	说明	安装高度
—	配电箱（强电）	H=1700（仅供参考）
	二、三级插座	H=300（除特别说明外）
F	防溅二、三级插座	H=1300
KD	柜式空调插座	H=300
K	挂式空调插座	H=2100
R	热水器插座	H=1800
H	抽油烟机插座	H=1800
B	冰箱插座	H=300

备注：1. 未标高插座暗装 H=300 mm 弱电插座与墙电插
座等高贴邻 150 mm 暗装。
2. 厨房插座具体位置由我司与专业公司共同设计。
3. 空调插座按空调具体位置暗装。

4. 弱电设计

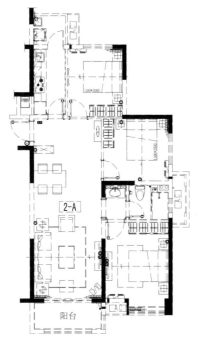

图 3-57 户型弱电图

图例	说明	安装高度
▱	弱电综合分线箱	H=300（仅供参考）
C	电脑接口	H=300（除特别说明外）
T	电话接口	H=300（除特别说明外）
TV	电视接口	H=300（除特别说明外）
▪	门铃按钮	H=1300（仅供参选）
TVI	可视对讲室外主机	H=1300（仅供参选）

备注：未标弱电插座暗装 H=300，弱电插座等高贴邻 150
安装。

5. 客厅立面设计

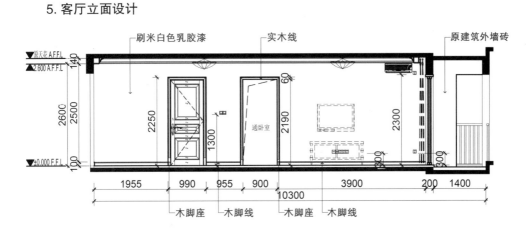

图 3-58　客餐厅立面图

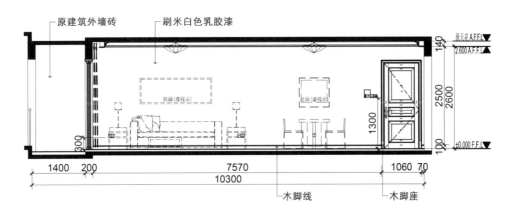

图 3-59　客餐厅立面图

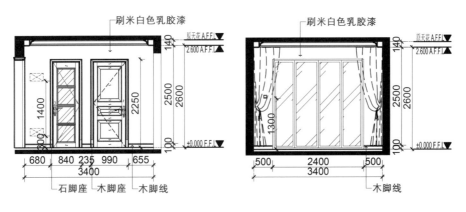

图 3-60　客厅立面图　　　　图 3-61　客厅立面图

6. 主卧立面设计

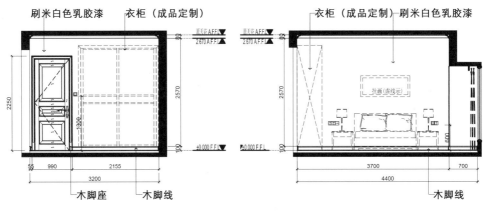

图 3-62　主卧立面图　　　　　　图 3-63　主卧立面图

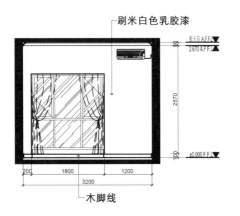

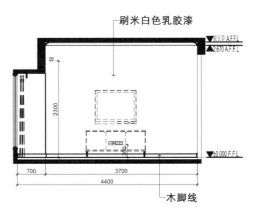

图 3-64　主卧立面图　　　　　　图 3-65　主卧立面图

7. 厨房精装修深化设计流程

1）材料定样

天花、地面及墙面材料定样；厨房设备及材料定样：燃气灶、消毒柜、油烟机、热水器、柜体、台面、洗菜盆、龙头五金及配件等设备选型，并与相应承建商确定供货周期，提前备货并根据施工计划协调供货周期。

2）深化设计

根据厨房内部基本操作流程——取、洗、切、煮、盛，确定厨房平面图，橱柜深化设计、地面铺装设计及墙面贴砖设计同步进行。给排水位置及插座位置深化调整，确定水电定位。

精装修深化设计流程控制要点：

•结合实际成本的具体要求，被橱柜遮挡的墙面可不贴砖，但是要控制厨房内部的梁位对墙面砖铺贴的影响，还应控制好橱柜的地柜与吊柜之间的高度关系，选用合适规格的墙面砖，尽量避免出现不完整的砖铺贴情况，以控制墙砖损耗率和保证美观性。

•厨房插座位置结合墙面贴砖设计尽量居中于墙砖的中间部位。

•厨房电器设备要根据安装要求适当调整。

•厨房水电位定位要提前介入，并与相关设计、设计管理及施工单位共同确定以图纸形式形成执行文件，如有变更要及时有效地通知各方替换原设计文件。

3）施工交底

装修施工单位进场勘察，现场验收交接。检查土建预留水电定位是否与水电定位图一致，列出土建、机电等各专业需交叉配合的条件。现场进行设计方案交底，通报各方相互间施工配合相关事宜，现场协调土建与装修改造交叉问题并记录备案。

4）施工配合

及时有效地协调橱柜及厨房设备的供货周期与精装修施工进度的配合。

产品基本信息	
项目名称	厨房装修标准
使用面积	5.05 m²
标准产品	是
1. 空间合理，操作流程方便；	
2. 橱柜式样风格明确，色彩搭配合理；	
3. 收纳空间充裕。	

备注：标高为装修完成面标高，以起居室标高 0.00 为参照标高（相对本层建筑结构完成面约高 5 cm）

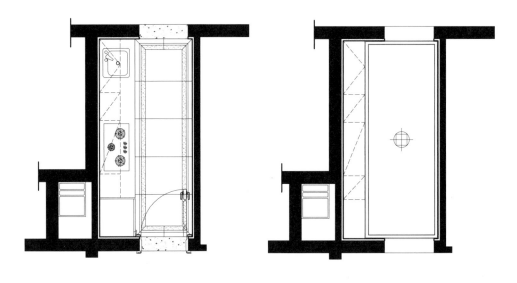

图 3-66　厨房天花平面图　　　　　　图 3-67　厨房地面设计图

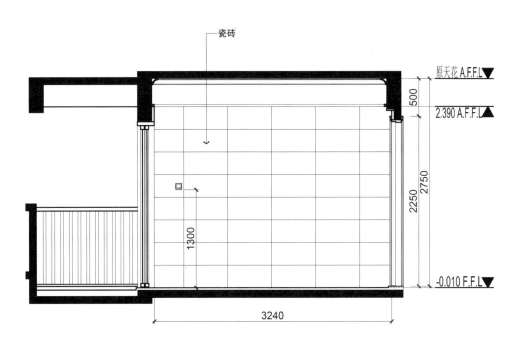

图 3-68　厨房平面布局图

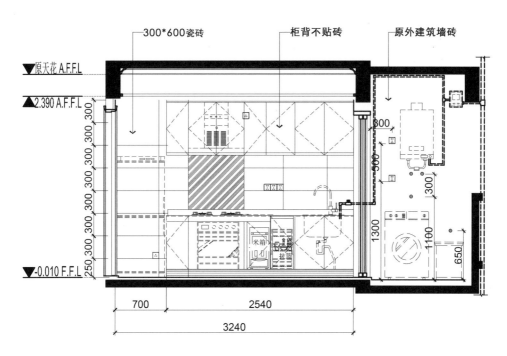

图 3-69 厨房立面图

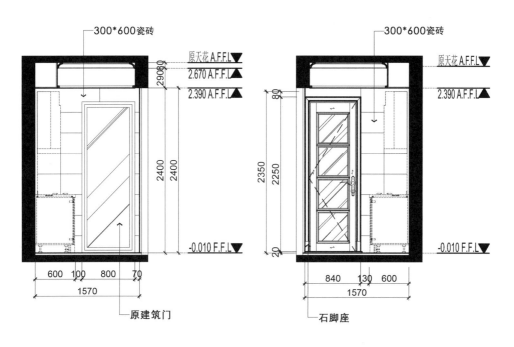

图 3-70 厨房立面图

图 3-71 厨房立面图

8. 卫生间精装修深化设计流程

1）材料定样

天花、地面及墙面材料定样。坐便器、面盆、龙头、淋浴花洒、纸盅、淋浴屏、不锈钢防臭地漏等卫生间洁具及五金的选型，并与承建商确定供货周期，提前备货并计划协调供货进度周期。

2）深化设计

根据功能需求确定装修平面布局，地面铺装设计、墙面贴砖设计及水电定位图同步进行。精装修深化设计控制要点：
- 地面石材大料施工需注意控制标高关系以及根据地漏位置确定走水坡度的方向。
- 插座位置结合墙面贴砖设计尽量居中于墙砖的中间部位。
- 卫生间水电定位要提前介入，并与相关设计、设计管理及施工单位共同确定以图纸形式形成执行文件，如有变更要及时有效地通知各方替换原设计文件。

3）施工交底

装修施工单位进场勘察，现场验收交接。检查土建预留水电定位是否与水电定位图一致，列出土建、机电等各专业需交叉配合的条件。现场进行设计方案交底，通报各方相互间施工配合相关事宜，现场协调土建与装修改造交叉问题并记录备案。

施工交底控制要点：
- 墙砖、地砖铺贴完成后，卫生间的纳物柜承建商需现场复核完成面尺寸，确定纳物柜方案并确定具体安装时间。
- 根据施工计划提前安排各设备承建商交接和制定施工计划。

4）施工配合

注意提前协调卫生间纳物柜与门之间的尺寸问题，同时注意各相关材料设备的供货周期与装修进度的配合。

产品基本信息	
项目名称	卫生间装修标准
使用面积	3.95 m²
标准产品	是
1. 空间合理，操作流程方便；	
2. 橱柜式样风格明确，色彩搭配合理；	
3. 收纳空间充裕。	

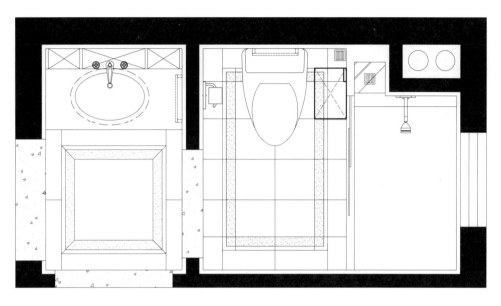

图 3-72　卫生间平面图

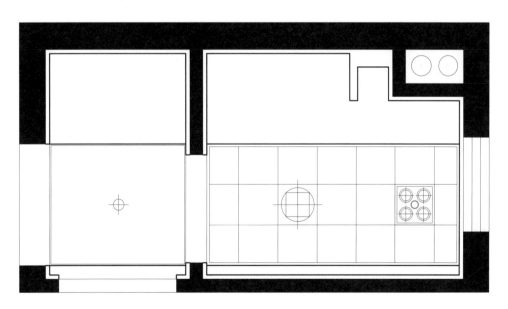

图 3-73　卫生间天花平面图

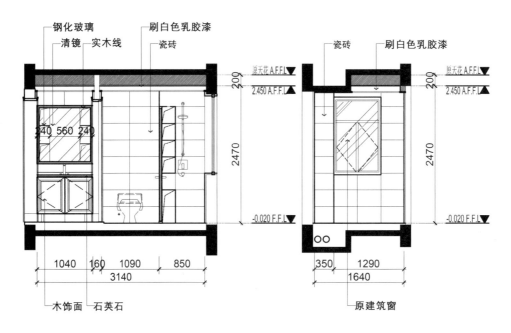

图 3-74　卫生间立面图　　　　　　　　　　图 3-75　卫生间立面图

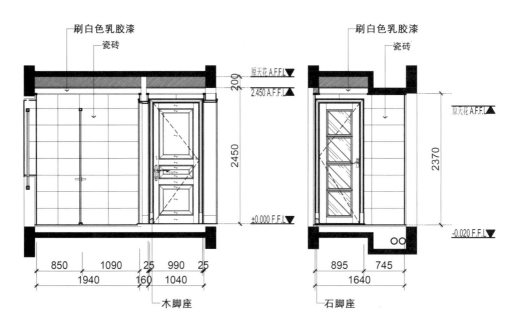

图 3-76　卫生间立面图　　　　　　　　　　图 3-77　卫生间立面图

▌三、施工控制节点

（一）施工控制节点说明

1. 门厅

1）强电、弱电的电箱要求安装在较隐蔽且便于检修的地方。

2. 墙面

1）建筑墙身基层垂直度必须满足规范要求，避免踢脚线安装后出现开裂、鼓起现象。

2）踢脚线搭接处做小于45°斜拼接缝处理。墙身主要节点大样（见图3-78~图3-81）。

3. 卧室

1）木地板在安装过程中，基层必须清扫干净，尤其是踢脚线安装时，切割工作必须在房间外进行。

2）房间地面木地板基层平整度需严格满足建筑施工规范要求。

4. 厨房

1）橱柜遮挡位置墙面与地面为控制成本应不铺砖材，做水泥自流平找平即可，但洗衣机位置砖材应延伸进去。

2）在满足厨房使用基本"洗、切、煮、盛"流程的基础上，尽可能协调厨房的给排水改造条件，遵循户型优先设计原则，室内水位定位优先于土建施工，以求精装修能够一步到位。

3）各强弱电开关及插座的位置、高度根据各自专业规范，同时结合精装修选定设备的安装要求进行提前改造和预留。

4）橱柜深化时要充分考虑柜内的管线，尤其应注意留出水表、燃气表和相应的检修空间。

5. 卫生间

1）淋浴间地漏位置的定位按照设计图纸并须结合现场实际尺寸为准。

2）卫生间所有木作部分（包含柜内结构）必须做到全封闭，以防止受潮变形。

3）卫生间防水节点详节点大样（见图3-82~图3-85）。

（二）施工节点做法

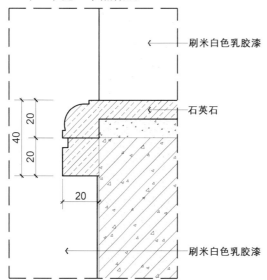

刷米白色乳胶漆

石英石

刷米白色乳胶漆

图 3-78　窗台石节点详图

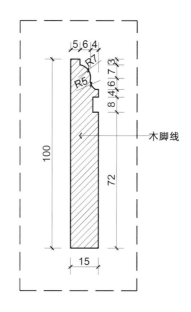

木脚线

图 3-79　踢脚线节点详图

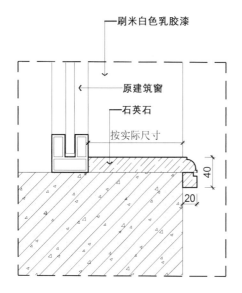

刷米白色乳胶漆

原建筑窗

石英石

按实际尺寸

图 3-80　飘窗台石节点详图

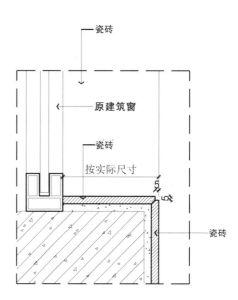

瓷砖

原建筑窗

瓷砖

按实际尺寸

瓷砖

图 3-81　卫生间窗台石节点详图

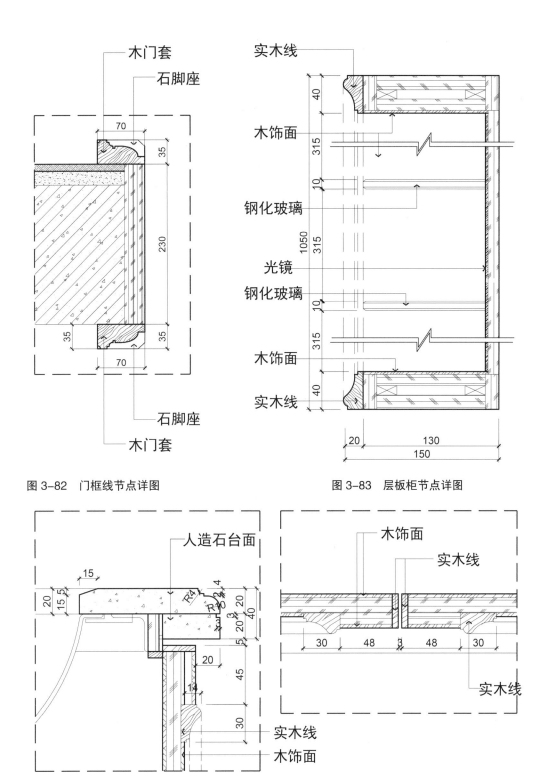

图 3-82 门框线节点详图

图 3-83 层板柜节点详图

图 3-84 洗手台节点详图

图 3-85 洗手台柜节点详图

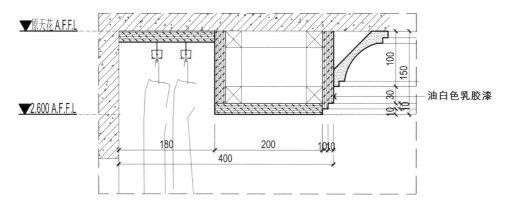

图 3-86　天花节点大样图

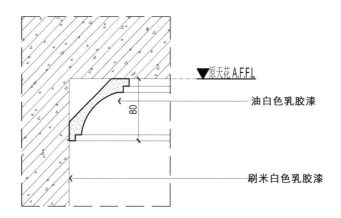

图 3-87　天花节点大样图

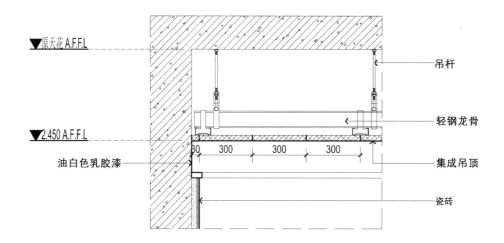

图 3-88　天花节点大样图

▌四、标准化户型的精装修材料、功能配置及成本控制

接下来根据刚需档位的装修成本要求，确定标准化户型的精装修材料、功能配置。将精装修使用的装饰材料、功能配置的选型归类，整理出详细的工程量算清单。经成本核算是否符合同档位户型套内单方成本要求。如果经核算有超出成本要求的情况，就需要根据实际情况适当调整硬件装饰设计或者配置标准。

第四篇　养老居住建筑户型设计——户型大师之延伸篇

第一章　中国养老居住建筑与养老地产的发展　　　　　　　　　　　/176

第二章　中国老年人的居住方式与养老居住意愿　　　　　　　　　　/180

第三章　养老居住建筑户型设计初探　　　　　　　　　　　　　　　/185

第一章　中国养老居住建筑与养老地产的发展 ————

按照国际通行的老龄社会标准：若 65 岁以上人口的比例超过总人口的 7%，就是老龄化的社会；超过 14%，就是老龄社会。目前，大多数发达国家都属于老龄化的社会，如法国、美国、英国、日本等发达国家。据统计，从 65 岁以上人口的比例超过总人口的 7% 上升到 14%，法国用了 114 年，美国用了 65 年，英国用了 45 年，日本用了 24 年 [1]。据社科院发布的《2014 年中国社会形势分析与预测》蓝皮书预计，今后 20 年我国将年均增加 1000 万老年人口，到本世纪中叶将迎来老龄化高峰，老年人口预计达 4.87 亿，中国迎来了人口转型的拐点，而且老龄化正在加速，中国人口结构面临着人口老龄化的巨大压力，养老产业供不应求的局面尤为凸显。

作为一个重要且特殊的社会群体，老年人的人口比例正在迅速增长，将来中国要面对老龄化社会所带来各种问题，包括居住环境的问题。随着社会经济的不断发展，老龄化社会形态之下，老年人将成为新型的消费群体，他们对晚年生活的期望和需求会逐渐提升，所以对于满足老年人的物质及精神需求，改善老年人的居住环境，提高老年人整体生活质量都有十分重要的意义。

[1] 参考文献：卢振喜. 城市老年人养老问题探析 [J]. 现代经济信息，2013（7）：385.

▌ 一、养老居住建筑

老年住宅、老年公寓、养老院、托老所、干休所等都属于养老居住建筑范畴，然而，目前我国对老年人居住建筑的定义和分类尚不明确。现今国内借鉴国外发达国家的养老发展模式，有了养老住宅、养老社区、养生旅游综合体等多种养老居住模式，同时也丰富了养老居住建筑形式。1986 年国际慈善机构 (HTA) 制定出标准，根据老人的健康状况和提供的服务水平将养老居住建筑分为七种类型（见表4-1）。

表 4–1　国际慈善机构（HTA）老年居住建筑分类法 [2]

类型	适宜居住的老年人群体	特点
1 类	有生活自理能力，可独立生活在自己的寓所中的老人。	非老年专用或用作富有活力的退休和退休前老年人居住的住宅。
2 类	富有活力、生活基本自理，仅需某种程度监护和少许帮助的健康老人。	老年住宅，包括经过专门改造的普通住宅。
3 类	健康而富有活力的老人。	附带帮助老人基本独立生活设施的住所，提供全天监护和最低限度的服务和公用设施。
4 类	体力衰弱而智力健全的老人。	不需医疗护理，但可能偶然需要个人生活的帮助和照料。应提供全天监护和需要的膳食供应。
5 类	体力尚健，而智力衰退的老人。	需要某些个人生活的监护和照料。公共设施同 4 类，但可按需另增护理人员。
6 类	体力和智力都衰退，生活不能自理，并需要个人监护的老人。	养老院。住所不是独立的，需为居住者提供进餐、助浴、清洁和穿衣等服务。
7 类	体力和智力都衰退，生活不能自理，需要个人监护的老人。 患病和受伤的临时或永久的病患老人。	护理院。应有注册医护机构，住房几乎全部应为单床间。

[2] 以上表格资料来源：HTA 居住建筑分类法

　　由表 4-1 可以看出养老居住建筑所针对的老人群体主要分为不需要护理的健康独立的老人、需要部分监护的老人或者身体不同程度病患而需要护理设施的老人。那么对应的养老居住建筑主要就是养老住宅和养老设施，养老住宅是以居住功能为主要需求，而养老设施是以护理为主要需求。中国已经有部分开发商开始涉足养老住宅的开发，例如亲情模式的养老居住建筑，包括在普通住宅楼栋每层设置几套老年人的户型，或者将所有户型直接定位为多代同居，也有在同一住宅小区内，临近普通住宅楼栋布置几栋老年住宅单元。而养老设施建筑的发展，早些年中国就有养老院、老年公寓、托老所等，最近几年有部分保险金融业投入开发养老社区，居住生活环境比老年公寓和养老院要优越，配套专业的医疗养护设施以外，对健康老人和病患老人提供全方位的养老服务，但是此类养老社区主要针对具备较高经济能力的老年人群体。

▌二、中国养老地产的发展

"住宅地产在过去闭着眼睛都赚钱，在未来睁开眼睛难赚钱；养老地产在目前睁着眼睛难赚钱，在未来闭着眼睛都赚钱。"这是行业内对于养老地产发展的一种预测。传统住宅地产行业面临进入微利时代，新兴的养老地产行业现时更无厚利而言，但是我们必须面对中国未来步入老龄化社会的现实，完善适合老年人居住的户型设计，给予老年人更多的人文关怀，推动老年住宅的发展，为养老地产普及产业化发展做准备，是我想对老年住宅户型设计做深入研究的源动力。

（一）中国养老居住模式[3]

1.家庭养老模式

目前，在中国经济成本最低且普遍存在的养老模式为家庭养老。老人住在自己家里，得到子女的照顾，对老年人的身心健康有利。但是对于现代很多城市家庭来说这种模式也将面临很多问题，家庭结构的转变，子女供养老人的人均负担加大。对于身患疾病的老人，子女无法随时照料，而对生活不能自理的老人不仅仅是时间上的问题更是经济能力的问题。

[3] 参考文献：卢振喜. 城市老年人养老问题探析 [J]. 现代经济信息，2013（7）：385.

2.社区养老模式

社区养老也是现在中国养老模式的主要发展方向之一。社区养老模式不同于家庭养老模式，它的实质是社区中的家庭养老模式。而社区养老模式与机构养老模式相比，又将社会机构中的养老服务引入了社区，吸收了家庭养老模式和机构养老模式的优点，是处于社会转型期的中国面对老龄化问题提出的一种新型养老模式，但是社区养老模式同时需要社会保障体系的不断完善。

3. 专业机构养老模式

专业机构养老模式的主体是养老院、福利院、医院以及各种康复中心等，老年人通过入住专业养老机构，由专业人员负责照料日常生活。这种养老模式在一定程度上减轻了子女的负担，同时也分散了家庭的养老风险，实现养老资源共享。但是机构养老模式的成本很高，也无法满足老年人对亲情交流的需求。国内早期建立的养老院大部分服务设施和专业服务水平很难跟得上社会的发展和需要，管理模式滞后，无法满足现代规范化的管理。

（二）中国养老地产的发展模式

目前国内有开发商在研究养老地产，由于面临的资金和经营难题还是很多，所以开发商真正付诸实现的比较少。在考察众多养老地产项目时我们发现，较为成功的养老项目的主体都不是完全持有型，对于投资的收回目前来说还没有很好的模式。国内当前的养老地产的产品主要有几类：第一类是保险资金推出的升级版的养老机构，将养老地产作为商业地产项目长期经营；第二类是开发商推出老年住宅的住宅地产，和普通住宅地产一样以销售物业为主，老年住宅仅少部分持有物业；第三类是以养生为开发理念，综合商业地产、住宅地产的高端养老产业。尽管养老地产已经以多种形态出现，但是源于中国居家养老的观念目前乃至一段时期内不会有根本性改变，即使高端的养老机构也还是处于培育阶段，持有型养老地产的发展还不能成为主流。

第二章　中国老年人居住方式的特点与养老居住意愿——

[4] 参考文献：曲嘉瑶、伍小兰. 中国老年人的居住方式与居住意愿 [J]. 老龄科学研究所，2013，1（2）：46-54.

尽管如此，养老地产未来的市场需求无疑是必然的。无论是对开发商还是专业工作者来说，养老居住环境和发展还是值得深入研究和继续探索。

根据 2000 年、2006 年、2010 年三次全国性老年人专项调查数据，对十年来中国城乡老年人居住方式和老年人居住意愿的最新特点及变化趋势，以及不同居住方式老年人的心理状况进行深入分析。[4]

▍一、中国老年人居住方式的特点和转变

（一）老年人独居生活方式的比例呈上升趋势

[5] "空巢老人"，喻指日常生活中子女长大成人，从父母家庭中相继分离出去后，只剩下老一代人独自生活的家庭，其中既包括无子女的老人，也包括与子女分开居住的老人。

根据图 4-1 可以看出，十年以来我国老年人独居的比例呈上升趋势。20 世纪 80 年代实行计划生育以来，多数家庭尤其是城市家庭都只有一个子女，而如今，这些独生子女家庭都面临着四位老人、夫妻两人和一个子女的家庭结构。年轻夫妇要照顾四位老人还有至少一个子女，尤其现今城市的生活压力很大。除此之外，越来越多年轻人由于就业、求学会涌向大城市甚至出国，所以无论城市还是农村出现空巢老人 [5] 的现象也成为难以避免的现实。依托子女养老的方式已难以应对现实社会的发展，传统的养老模式已经面临着巨大的困难和挑战。

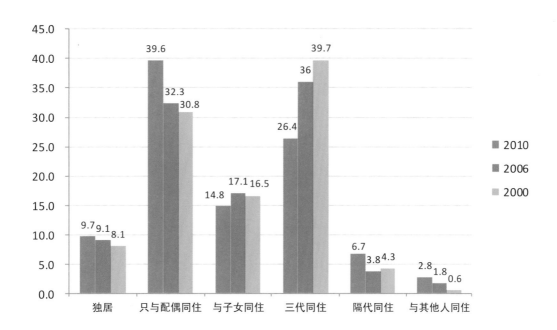

以上数据来源：中国老龄科学研究中心。

图 4-1　十年来老年人居住方式的变化（%）

（二）受教育程度越高，老年夫妇单独居住比例越高

据统计数据显示，受教育程度越高的老年人选择和配偶单独居住较多（见表 4-2）。因为大多数受教育程度较高的老年人经济状况相对较好，其居住观念较为开放，所以可以和子女保持彼此独立的生活空间，能够减少家庭矛盾的产生。

（三）无配偶老人独居比例高

老年人的婚姻状况也是直接影响其居住方式的因素（见表 4-2）。在有配偶的老人中 50% 选择与配偶居住，38.7% 三代或者两代人同居，1.4% 的老人为独居。而没有配偶的老人中，未婚、离婚和丧偶老人独居高达 77.1% 的比例。

▌二、中国老年人养老居住意愿的特点和转变

近十年来，随着社会经济水平的提高，老年人的生活质量和健康指数都在不断提高，老年人与子女共同居住的意愿明显下降（见图 4-2），尤其是城市老年人更加倾向于有单独

的生活空间。而与城市老年人相比较，由于经济条件和社会保障有限，加上传统观念的影响，农村老年人与子女同住的意愿明显要高于城市老年人。另外，从图 4-3 分析可见，与十年前

表 4-2　不同婚姻状况和受教育程度的老年人的居住方式（2010，%）

居住情况 婚姻状况	独居	与配偶同住	与子女同住	三代同住	隔代同住	与其他人同住	合计
婚姻状况							
有配偶	1.4	50.0	13.6	25.1	7.4	2.4	100.0
丧偶	39.5	–	19.7	32.8	4.2	3.8	100.0
离婚	42.2	–	24.8	22.4	6.6	4.0	100.0
未婚	77.1	–	12.4	2.7	–	7.8	100.0
受教育程度							
没上过学	14.8	33.1	15.8	27.8	7.9	2.6	100.0
小学	8.2	39.2	14.3	28.4	7.4	2.5	100.0
初中	7.1	46.5	13.7	24.0	5.4	3.2	100.0
高中及以上	5.6	52.4	15.9	19.3	3.3	3.6	100.0

以上数据来源：中国老龄科学研究中心

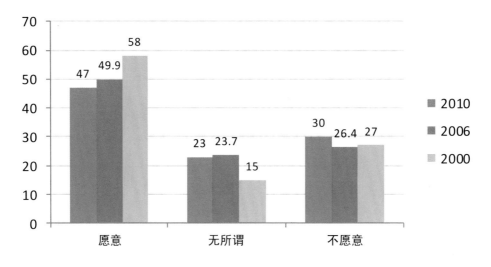

图 4-2　十年来中国老年人与子女同住意愿（%）

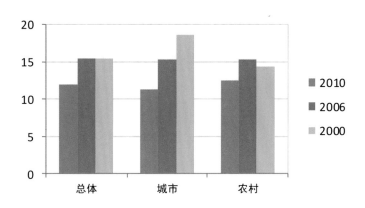

以上数据来源：中国老龄科学研究中心

图 4-3　十年来老年人愿意入住养老机构的比例

表 4-3　不同特点老人的居住意愿

居住意愿 不同老人特点	愿意与子女居住 （%）	愿意居住养老机构 （%）
城乡分布		
城市	38.8	11.3
农村	53.6	12.5
年龄		
60-69 岁	44.8	12.4
70-79 岁	47.0	12.3
80 岁及以上	57.9	8.7
受教育程度		
没上过学	52.3	12.3
小学	48.5	11.1
初中	41.0	11.6
高中及以上	37.7	14.6
自理能力		
完全自理能力	45.4	11.1
部分自理	51.1	13.8
失能	56.5	16.8

以上数据来源：中国老龄科学研究中心

相比，我国老年人入住养老机构的意愿有下降趋势，尤其是城市老人下降的幅度较大。对于低龄老人而言，身体状况较好时候，对于养老机构的接受度较高。但是，由表 4-3 的数据统计可见，随着老年人的年龄增长，健康状况差的时候，老人更希望得到子女的照料，主要是精神层面的需求，所以入住养老机构的意愿就随之降低（见表 4-3）。

总而言之，社会与经济的发展驱动中国老年人群体的独立性增强，独立居住的观念有所转变，目前中国大多数老人还是意愿居家养老。所以，解决养老居住问题不仅是为老人群体提供一个居住的环境，更需要从根本上尊重老年人自身的居住意愿，这也是值得养老建筑户型设计、养老地产发展探索和思考的问题。

第三章 养老居住建筑户型设计初探

不同老年人对居住建筑和居住环境有不同需求，这就要求养老居住建筑的多样化来适应和满足老年人生活的需求。要想做好养老居住户型设计首先要对中国老年人的生理、生活习惯，还有老年人的心理需求有深入认识和研究，需要充分考虑到老年人的特点，结合具体实际，为老年人参与的行为做出周密的组织与设计，保证他们具有年轻人的平等参与机会。

《国务院关于加快发展养老服务业的若干意见》[35 号文] 明确规定，"到 2020 年，全面建成以居家为基础，社区为依托，机构为支撑，功能完善、规模适度、覆盖城乡的养老服务体系"。此项政策也反映出目前中国老年人的居住方式和意愿，居家养老和社区养老在一定时期内仍然是中国的主要养老的模式，而"户型大师"所倡导的户型设计导向系统同样适用于养老居住建筑户型设计，正因为中国养老居住建筑的发展历程不长，我们更应该把户型设计放在首位，提前介入养老地产的开发过程，优先设计出符合中国老年人需求的好户型，尽最大可能做到既保障开发商的利益，又体现对使用者的无限关怀，合理利用每个大小空间，从源头避免户型设计可能存在的问题。

国内的养老居住户型设计相关经验积累不足，还没有对中国的老年人群的根本需求足够重视，暂时只处于模仿和借鉴发达国家的设计形式及运营模式。学习别人的先进管理经验是可以的，但更需要从功能设计、养老配套、服务管理等各层面融入本土化的思考和设计，探索中国社会及中国老年群体的独特要求，从户型设计上做到真正关心理解老年群体的生活需求。

下文从老年人居住者的特殊性出发，初探有关养老居住建筑户型设计的要点。

▌一、养老居住建筑户型空间优先设计

（一）功能与尺度设计

养老居住建筑户型室内各空间功能尺度要求和普通住宅户内空间功能尺度要求有相似之处——空间尺度的分配是由具体使用者的功能需求所决定。由于年龄的变化，步入老年后人们的体能心态都会逐渐改变，形成老年特征。这种特征要求建筑设计必须突出强调使用中的安全性，消除隐患，避免可能发生的环境伤害，从而提高老年人的生活质量。

养老居住建筑户型内各个功能空间的功能和尺度相对普通住宅的要求有所不同，过大或过小都会影响到居住环境的舒适性。面积过小会影响老人尤其是轮椅老人在室内的活动，面积过大会造成过长的交通路线。所以要从老年人的特征出发，做出合理的设计。一般来说，对卧室、厨房、卫生间及公共过道面积要求相对较大，而对起居室面积要求相对较小。

以下简单谈谈户内门厅、起居室、卧室、厨房、卫生间这几个空间的优先设计要点。

1. 门厅

门厅和普通住宅的进门区域一样需要更衣换鞋的空间和纳物空间，除此外要考虑到方便老年人使用的功能和活动空间：第一，门厅开间宜加宽些，最好2.0 m以上，进深则不宜过大，但要需要有满足轮椅和医护担架出入的空间（见图4-4）。第二，设置老年人换鞋的坐凳高度不宜过高，因为老人不能过度下弯身体，坐凳高度一般不宜大于0.4 m。

2. 起居室

起居室设计的重点是开敞、通透，可以方便地与人

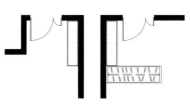

（a）进深小而开敞的门厅适用于老年住宅

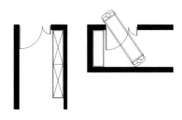

（b）进深大而狭长的门厅不适用于老年住宅

图 4-4　门厅空间设计

进行交流活动。如果是一居室空间，厨房、餐厅、起居室空间可以相互连通，在任何空间都可以随时看到老年人的活动。由于老年人不适宜经常使用空调，所以室内的自然通风、自然采光条件一定要非常好，但要注意避免过度穿堂风。另外，在选择起居室沙发时要注意不能够太矮太软，太矮太软使老年人起身困难，沙发高度一般选择 0.45 m 以上为宜。

3. 卧室

老年人分床睡的情况多见，进深设计相对较深。而面积不宜过大，避免因面积过大造成安全感缺乏而影响老人的睡眠质量，只需保证老年人看电视的合理视距即可，所以开间可按照普通住宅的不同档次标准适当缩小。卧室主灯除了设计双控开关外还应有灯光调节功能，在床头柜处预留几个专用插座供老年人使用健身的设备。相对普通住宅的家具尺度，在老人的卧室一边可以摆放相对较高的床头柜，一方面便于老人放置药品、书籍等物品，另一方面在老人起身时可以有撑扶的作用。

4. 厨卫

厨房和卫生间比起普通户型要考虑到更多的人性化设计，增加更多的老年人以及护理救援人员的功能需求，满足轮椅和医护担架出入，空间尺度相应更大（见图 4-5、图 4-7）。

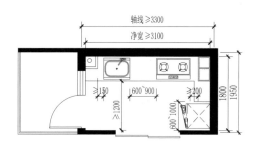

（a）健康老人使用的厨房

（b）轮椅老人使用的厨房

图 4-5　养老居住户型厨房尺寸分析

老年人长时间曲身操作容易疲劳，厨房的操作台面不能太低，控制在 0.8 m 以上为宜。对于健康老人要考虑实际需要，需要预留出一部分操作台面可供老人坐在椅子上进行备餐活动。为方便使用轮椅的老人操作，在操作台下方还要预留出轮椅的凹进位置。另外，厨房橱柜尽量设计中部吊柜，方便老人轻松地拿取物品，而且在吊柜的底部设计局部照明以弥补夜间室内光线不足的情况（见图 4-6）。

卫生间空间相对较小，为了避免老人在卫生间内出现意外摔倒后挡住门导致无法救援，卫生间门最好采用向外开或者推拉门。在中国很多出生于二十世纪四五十年代的老人已经习惯于接水到面盆清洁，所以洗手台的龙头和嵌入式陶瓷面盆的形状要方便这些老人用面盆接水。洗浴空间最好独立，防止地面湿滑致使老人摔倒，而且要设计坐浴的设施或预留出可以坐浴的地方。在淋浴间外还应有专门摆放坐凳的空间，方便老人能够坐下更衣换鞋。抓杆、扶手等设施对于健康老人是暂时没有必要性的，但还是要预留一定的空间以备以后需要安装此类设备。

（二）安全性设计

1. 消除室内的地面高差

户内不同空间因功能需求或地面铺装材料不同会在交接处出现地面高差。例如：餐厅与厨房、卫生间、阳台因防水需要，门内外会有高差；房间铺装木地板会与铺装地砖的走道也会有高差（见图 4-8）。这些细微的高差不会对年轻人产生很大的影响，但是对于视力减退和行动不便的老人就存在很大的安全隐患。因此，门槛高度及门内

图 4-6　厨房吊柜下部安装局部照明

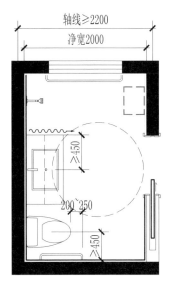

图 4-7　养老居住户型三件套卫生间尺寸分析

外地面的高差不要大于 15 mm，并做出斜面进行过渡。最好能够调整材料找平厚度消除室内的地面高差。高差有变化的部位应通过不同铺装材料的拼接或者醒目的色彩等方式提醒老人注意。

2. 户内安全设备

家庭报警系统是在老人发生意外情况时候可以通过触动报警按钮或者拨打紧急电话发出信号及时求助，通常有墙面固定按钮和随身携带的呼叫器两种。一般固定按钮会安装在容易发生危险的地方（见图 4-9），如卫生间、厨房、卧室这些空间，老人在这些空间的行为动作幅度较大容易引起眩晕摔倒等危险。我们可以发现这些按钮除了可以轻易触按之外，还带有拉绳保证老人在摔倒的时候也能通过拉拽及时发出求救信号。随身携带的呼叫器是避免老人独自出行时，如果发生意外可以第一时间传递出求救信号。报警系统除了考虑会发出声音之外，还应有灯光提示，促使听力障碍的老人也能及时察觉。

（三）室内装饰材料

1. 环保性

装饰材料选材避免使用刺激性的油漆、胶粘剂，因为容易引发老年人呼吸系统疾病，同类装修材料应该尽量选择天然环保的装饰材料。

2. 质感

尽量选择反射度较低的装饰材料，温馨、宁静、柔和的色调能让老年人心情舒畅，过多使用冷色调，会增加老人的孤独感（见图4-10）。

图 4-8　门槛石的设计

图 4-9　紧急呼救设备

图4-10　色调明快的老人房间

3. 安全性

墙身和地面容易磕碰的位置可局部使用安全性的材料，例如地面注意防滑，但是不要使用地毯，容易绊倒老人，而且使用轮椅的老人驱动轮椅会比较吃力。

▌二、养老居住建筑公共空间优先设计

养老居住建筑公共空间的设计最为重要的是安全性及人性关怀，空间及设备都是围绕安全性而展开的。一般情况下，养老居住建筑公共空间设计除了和普通住宅具有共通的设计原则之外，特别需要注意以下几个方面。

（一）高差问题

国家规范规定："老年人建筑出入口门前平台与室外地面高差不宜大于0.4 m，并应采用缓坡台阶和坡道过渡"。"缓坡台阶踏步踢面高不宜大于0.12 m，踏面宽不宜小于0.38 m，坡道坡度不宜大于1/12；台阶与坡道两侧应设栏杆扶手"[6]。"楼梯踏步宽度不应小于0.3 m，踏步高度不应大于0.15 m，不宜小于0.13 m。"[7]。标准均高于普通住宅。

[6] JGJ 122—99. 老年人建筑设计规范 [S]. 北京：中国建筑工业出版社，2006.

[7] JGJ 122—99. 老年人建筑设计规范 [S]. 北京：中国建筑工业出版社，2006.

首层大堂、电梯厅、楼梯间、消防前室等空间的地面设计，和户内空间一样要尽量消除高差，门槛高度及门内外地面高差不要大于 0.015 m，需做斜面过渡。在高差有变化的地方、楼梯的踏步和走廊地面交接以及转弯处，通过适当加入不同颜色的设计、使用不同铺装材料的拼接进行区别，让老人下台阶时更容易辨认。首层大堂入口处需要留出足够的空间停放救护车，重点注意地面和踏步材质的防滑性。

（二）空间尺度

空间尺度要根据老人特征，结合安全设施的布置预留合理空间。空间尺度要有一定特殊设计要求，例如：普通住宅的公共空间规定公共走廊通道净宽不小于 1.20 m，但老年人的住宅公共空间走廊通道要预留出安装扶手的空间，所以"公用走廊的有效宽度不应小于1.50 m。仅供一辆轮椅通过的走廊有效宽度不应小于 1.20 m，并应在走廊两端设有不小于1.50 m×1.50 m 的轮椅回转面积。"普通住宅的楼梯的净宽不小于 1.10 m，不超过六层的住宅，一边设有栏杆的梯段净宽不小于 1.00 m。但老年人居住建筑的"公用楼梯的有效宽度不应小于 1.20 m，楼梯休息平台的深度应大于梯段的有效宽度"[7]。因为楼梯空间也同样要安装扶手，需要适当加宽留出扶手空间，同时还为医护人员抬担架留出通行空间。

（三）人性化设计

养老居住建筑公共空间的任何细节设计都着眼于方便老年群体这一特定目标，能够给予老年人足够的人文关怀，能够在日常生活中给予他们便利和安全。对于有记忆障碍、智力障碍的特殊老人来说，还应有更多人性化的设计考虑，需要我们设计工作者去研究和探讨，并在实践中不断总结和完善。

公共空间需要增加更多人性化设施。例如：楼梯间、电梯厅走道等空间要安装连续扶手，帮助老人在任何时候遇到特殊状况都能够及时有所扶撑。在踏步起点和终点设置局部照明。电梯采用可容纳担架的电梯，如果条件允许最好能够有一部备用电梯。电梯内部加装低位按钮方便轮椅老人使用，而且因为老人的视力衰退，电梯的数字按钮应该醒目易辨。

▎三、养老居住建筑的空间组合优先设计

养老居住建筑户型不仅要求户型内各空间设计符合老年人的生理、心理等自身特征和生活习惯，满足老年人生活的需求。而且从整体上看，建筑楼栋的布置和选择，以及户型与户型之间的组合关系的平衡与把握同样值得我们重视和研究。结合户型大师的优先设计原则，对养老居住建筑户型的空间组合设计提出以下几点优先设计建议。

（一）养老居住建筑楼栋的布置和户型的选择

前文谈到目前中国养老地产的发展形态，养老居住建筑户型的设计无论对于哪种开发模式都具有设计上的共性。在地块规划设计中，首先，老年人的住宅楼栋应充分考虑到交通的便利性，方便老人出行，方便老人最短的路线到达小区内的公共活动场所，而且要考虑紧急避难或者发生抢救病患老人时候，专业车辆能够顺畅到达楼栋。其次，晒太阳对于老年人身体非常有益，在规划设计中老年人的住宅楼栋应布置在日照条件好的位置，结合当地的日照特点，尽量保证楼栋具备好的日照朝向。再次，通风也非常重要，老年人对温差变化比较敏感，容易生病，长时间使用空调设备也对健康不利，尤其对于某些夏季高温地区，自然通风条件好对于老人无疑是比较健康的生活方式。因此，在规划设计阶段就要考虑到把老年人居住的楼栋的位置尽可能与当地夏季主导风向垂直布置。

综合考虑好楼栋的布置位置和方向，选择适合老年人的楼型也同样非常关键。总体而言，户型南向，即保证卧室和起居室空间南向是大多数中国人普遍关注和接纳的户型选择要素。对于以楼栋为单位，部分户型定位为老年人居住户型的情况下，首选有南向采光通风的户型作为老年人居住户型，同时建议选择平层、边户作为老人居住户型。老年人行动缓慢、体力衰退，跃式、复式等户型不适宜老人居住，边户可设计较为灵活。另外，也可以选择低楼层设计老年人居住户型，利用空中花园等休闲娱乐场所，方便老人出行活动。

（二）养老居住建筑户型内空间的组合关系

1. 起居室和阳台连通组合

阳台给老年人提供了足不出户的休闲活动空间，行动不便的老人可以在阳台晒太阳、种植植物、喝茶聊天等。阳台和起居室连通，加大了户内的公共活动空间。

2. 起居室和餐厅连通组合

对于面积 100 m² 普通户型，由于总面积有局限，起居室和餐厅空间一般连通布局，而老年人居住的空间，起居室和餐厅连通使用最重要是保证出于安全性和舒适性。老人容易感到孤独，喜欢与人交流，所以两个空间连通可以提供更多互相交流的机会，就餐时候也能够看到、听到客厅正在播放的电视。再者，老人身体机能老化，随时会有跌倒的可能性，室内空间尽可能保证通透可视，方面照料老人的人随时关注到老人的活动。

3. 餐厅和厨房临近组合

保证厨房和餐厅临近，缩短老人的行走距离。另外，独居老人的日常饮食相对简单、清素，可以考虑采用开敞式厨房布局，和餐厅连通使用。也便于老人在起居室或者餐厅休息时能随时观察到厨房的情况（见图4-11）。

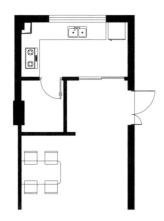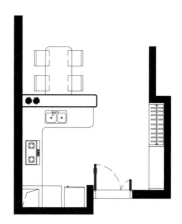

图 4-11　餐厅和厨房布局

4. 过道与起居室、卧室临近组合

主要考虑到老人到达各个功能空间的便利性，保持最短距离，过道尽量不要太长，尤其对于使用轮椅的老人，过道的宽度要预留轮椅回转的空间。过道与起居室、卧室临近组合，提高空间利用率。

5. 老人卧室与专用起居室、餐厅、厨房、卫生间临近组合

两代或者多代同居的亲情户型，在设计前期就应该充分考虑到私密性、舒适性和便利性，与普通两房或者多房户型的布局有所区别和提升。普通户型的主人房区域保证私密性和便利性，设置有主人使用的卫生间、衣帽间、书房等空间。亲情户型就要同时照顾到老人的生活需求，因为老年人和年轻人的起居时间、餐饮习惯、休闲娱乐喜好都有所不同，所以同一屋檐下共同生活，如果能够保证一定的私密性和独立性，不但空间使用更加人性化，而且一定程度上还可以避免很多家庭矛盾。

（三）养老居住建筑的灵活性、可持续性发展设计探讨

养老居住建筑户型设计不一定仅仅专门针对老年人群生活的社区，可以在普通住宅设计前期同时渗入养老功能设计或者为将来改造预留一定可变化的空间和可能性。单纯由老人群体组成的生活圈子是相对理想化的状态，不同年龄段的人群具有不同的特点，理论上由老、中、青各年龄阶段组成的社区生活会更加丰富，更加有利于老年人的身心健康，这也是符合目前中国社会经济发展状况和养老政策的发展导向，以居家养老为主，社区养老为辅。对于一个老人来说，从 60 岁进入老龄人群，还要经历不同年龄的不同生活的需求，所以养老居住建筑的可持续性设计也是必不可少。

下面列举一个可灵活多变的养老居住建筑案例（见图4-12）。本案例在规划前期就融入了适老化设计的理念（见图4-13），建筑结构设计上也做了相应考虑，为后期建筑户型的改造预留了一定的可能性，在销售方面提供了适合多种家庭模式的销售理念，尤其对于目前中国家庭老人与子女之间的生活特点，实现了"分而不离"的亲情生活模式。这种灵活多变的居住建筑户型设计对于我们解决养老居住问题提出了一种新的设计方向。

从发达国家在养老居住建筑设计方面的经验上看，经历了从对老人居住住宅的设计改造到后来所有居住建筑设计普及适老化设计的过程[8]，对于住宅建筑的可持续性使用，避免因不断改造而带来的资源浪费都有重要意义，面对微利时代之下的中国养老居住建筑设计，这是重点值得我们思考的问题。

[8] 参考文献：寿震华，沈东莓. 轻松设计：建筑设计实用方法 [M]. 北京：中国建筑工业出版社出版，2012年.

四、养老居住建筑户型的标准化设计举例分析

以下按照国内老年人的现况、老年人的养老意愿，同时按照现阶段经济发展水平，对养老居住建筑不同居住类型的户型进行"挂档"式设计的分类标准（见表4-4）。

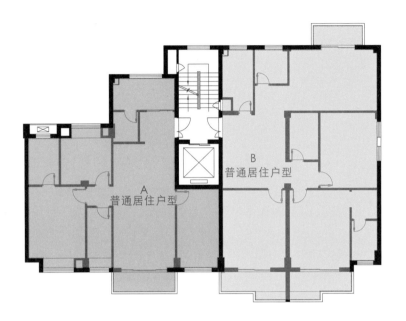

普通户型 + 普通户型

A. 户型是两房标准普通住宅户型，年轻夫妇或者两代人居住的户型。

B. 户型是可供两代或者三代户型，其中由 B 户型分离出一个套间作为老人生活区域，这样两代或者三代人相对独立又方便互相照顾。

图 4-12　原建筑平面图（普通户型 + 普通户型）

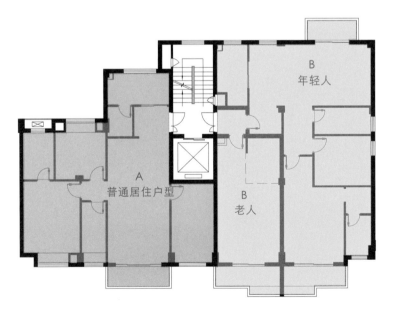

普通户型 + 亲情户型

A. 户型是标准普通住宅户型。

B. 户型是两代或者三代同居户型，其中由 B 户型分离出一个套间作为老人生活区域，这样两代或者三代人相对独立又方便互相照顾。

图 4-13　改造后亲情户型（普通户型 + 亲情户型）

表 4-4　养老居住建筑户型设计"挂档"

居住类型 人文表象	一档 刚需基本型 （见图 4-14、图 4-15）	二档 专业护理型 （见图 4-16、图 4-17）	三档 健康享受型 （见图 4-18、图 4-19）
居住人群 （举例）	退休教授，67 岁	杂志主编，78 岁	丈夫：成功企业家，75 岁 妻子：著名舞蹈家，72 岁
居住需求	单一居住功能	配套专业护理器械及专业护理设计服务	配套设施齐全、享受快乐的老年生活
行为特征	能生活自理	行动不便、记忆障碍	注重晚年生活品质、爱好广泛
住宅特点	单人或双人居住的套间	符合心理及生理特点，给予特别关怀的套间	客餐厅、厨卫及衣帽间齐全
设计关键词	功能齐全、生活环境舒适	专业空间设计、专业护理设施	舒适、高品质的生活追求
居住类别	一居室，套内面积约 40 m²	一居室，套内面积约 30 m²	两居室，套内面积约 80 m²
基本功能特点	独立卫生间	独立卫生间及护理设备	居住空间与起居空间相对独立
特色功能	无	专业护理设计服务及设施	收纳空间较多、带景观阳台
特色设施	符合老人特点的基本设施	专业护理设施	卫浴干湿分离、自动冲洗马桶等
户型关注点	满足安全居住	满足安全居住及护理需要	动静分开

备注：以上分类不包含两代或者多代同居的居住方式。

（一）刚需基本型（一档）户型设计举例分析

1. 功能分析

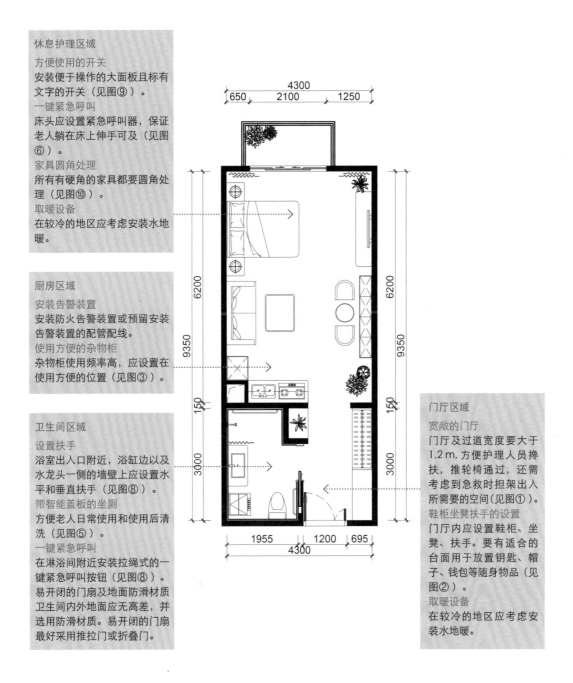

休息护理区域

方便使用的开关

安装便于操作的大面板且标有文字的开关（见图⑨）。

一键紧急呼叫

床头应设置紧急呼叫器，保证老人躺在床上伸手可及（见图⑥）。

家具圆角处理

所有有硬角的家具都要圆角处理（见图⑩）。

取暖设备

在较冷的地区应考虑安装水地暖。

厨房区域

安装告警装置

安装防火告警装置或预留安装告警装置的配管配线。

使用方便的杂物柜

杂物柜使用频率高，应设置在使用方便的位置（见图③）。

卫生间区域

设置扶手

浴室出入口附近，浴缸边以及水龙头一侧的墙壁上应设置水平和垂直扶手（见图⑧）。

带智能盖板的坐厕

方便老人日常使用和使用后清洗（见图⑤）。

一键紧急呼叫

在淋浴间附近安装拉绳式的一键紧急呼叫按钮（见图⑧）。

易开闭的门扇及地面防滑材质

卫生间内外地面应无高差，并选用防滑材质。易开闭的门扇最好采用推拉门或折叠门。

门厅区域

宽敞的门厅

门厅及过道宽度要大于1.2 m，方便护理人员挽扶，推轮椅通过，还需考虑到急救时担架出入所需要的空间（见图①）。

鞋柜坐凳扶手的设置

门厅内应设置鞋柜、坐凳、扶手。要有适合的台面用于放置钥匙、帽子、钱包等随身物品（见图②）。

取暖设备

在较冷的地区应考虑安装水地暖。

图 4-14　刚需基本型（一档）户型功能分析图

2. 局部功能细节

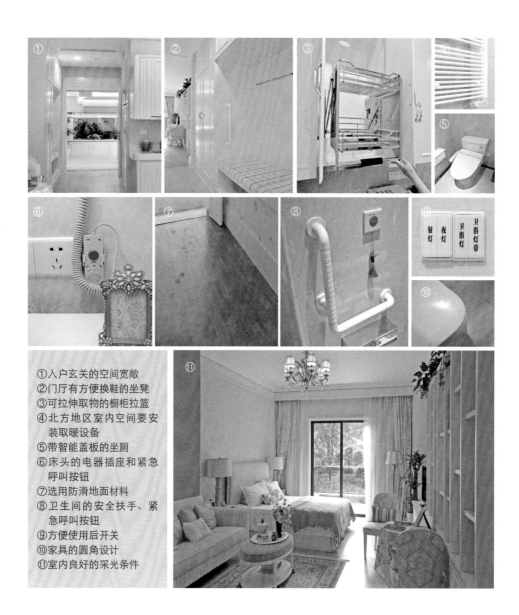

①入户玄关的空间宽敞
②门厅有方便换鞋的坐凳
③可拉伸取物的橱柜拉篮
④北方地区室内空间要安装取暖设备
⑤带智能盖板的坐厕
⑥床头的电器插座和紧急呼叫按钮
⑦选用防滑地面材料
⑧卫生间的安全扶手、紧急呼叫按钮
⑨方便使用后开关
⑩家具的圆角设计
⑪室内良好的采光条件

图 4-15　刚需基本型（一档）户型局部功能

（二）专业护理型（二档）户型设计举例分析

1. 户型功能分析

休息护理区域

大键盘一键式电话
电话面板采用大数字按键，并且有一键拨号功能，方便老人使用（见图⑤）。

电源插座高位布线
插座适宜采用高位布线，减少老年人弯腰动作，方便插拔插头。

家具圆角处理
所有有硬角的家具都要圆角处理（见图④）。

卧室进门应足够宽敞
老人卧室进门处不宜形成狭窄的拐角，防止急救时担架出入不便。

休息护理区域

一键紧急呼叫
床头应设置紧急呼叫器，保证老人躺在床上伸手可及（见图④）。

专业护理床
多功能专业护理床，方便生理障碍的老人（见图②）。

衣柜细节设计
老人使用的衣柜应增加抽屉、隔板等配件，减少衣服挂置空间。

门厅区域

连续扶手
使用接近圆形的扶手。扶手端部向下方或墙壁方向弯曲。扶手材料要有较好的手感和耐久度（见图①）。

智能感应灯
考虑换鞋和整理衣着，应安装智能感应灯，门厅必须具有足够的亮度，不应产生浓重的阴影部分。

宽敞的门厅和过道
门厅及过道宽度要大于1.2 m方便护理人员搀扶、推轮椅通过，还需考虑到急救时担架出入所需要的空间。

双向打开的门扇
入户门安装卡式数码锁，并使用双向打开的门扇，方便坐轮椅的老人打开。

卫生间区域

易开闭的门扇及地面防滑材质
最好采用拉门或折叠门。卫生间内外地面应无高差，并选用防滑材质。

洗手台细节设计
台盆下方可以入轮椅，洗手台下安装暖足机。

带智能盖板的坐厕
方便老人日常使用，和使用后清洗。

一键紧急呼叫
在淋浴间附近安装拉绳式的一键紧急呼叫按钮（见图⑦）。

淋浴间细节设计
淋浴间内应可以放下可折叠浴凳（图⑩）。

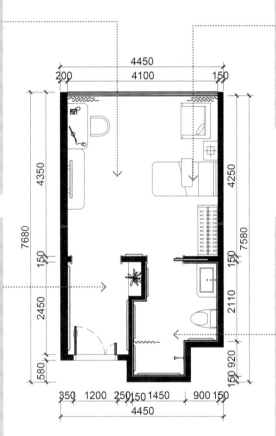

图 4-16 专业护理型（二档）户型功能分析

2. 局部功能细节

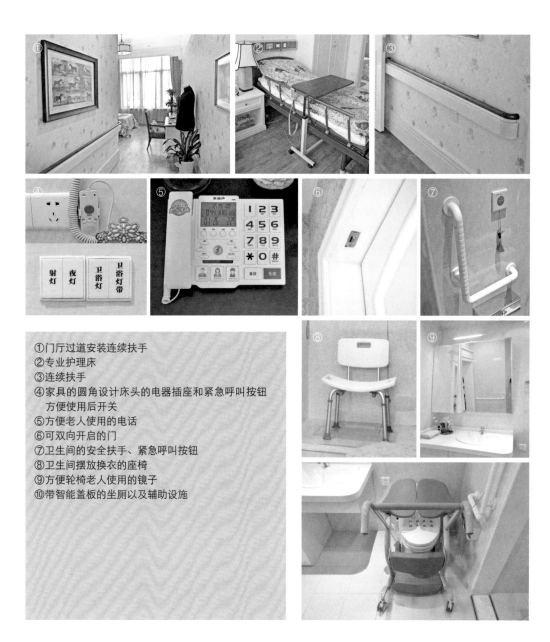

①门厅过道安装连续扶手
②专业护理床
③连续扶手
④家具的圆角设计床头的电器插座和紧急呼叫按钮
　方便使用后开关
⑤方便老人使用的电话
⑥可双向开启的门
⑦卫生间的安全扶手、紧急呼叫按钮
⑧卫生间摆放换衣的座椅
⑨方便轮椅老人使用的镜子
⑩带智能盖板的坐厕以及辅助设施

图 4-17　专业护理型（二档）户型局部功能

（三）健康享受型（三档）户型设计举例分析

1.户型功能分析

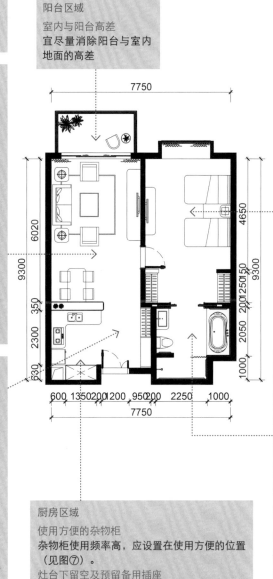

家具圆角处理
所有有硬角的家具都要圆角处理（见图10）。

客餐厅区域
方便使用的开关
安装便于操作的大面板且标有文字的开关（见图⑤）。
电源插座高位布线
插座适宜采用高位布线，减少老年人弯腰动作，方便插拔插头。
设置轮椅专座
轮椅专座设置在进出方便的位置，餐桌下留空的高度应能让轮椅插入，以便接近餐桌（见图⑪）。
大键盘一键式电话
电话面板采用大数字按键，并且有一键拨号功能，方便老人使用（见图⑨）。

门厅区域
宽敞的门厅和过道
门厅及过道宽度要大于1.2 m方便护理人员搀扶、推轮椅通过，还需考虑到急救时担架出入所需要的空间。
双向打开的门扇
入户门安装卡式数码锁，并使用双向打开的门扇，方便坐轮椅的老人打开。
智能感应灯
考虑换鞋和整理衣着，应安装智能感应灯，门厅必须具有足够的亮度，不应产生浓重的阴影部分。

阳台区域
室内与阳台高差
宜尽量消除阳台与室内地面的高差。

厨房区域
使用方便的杂物柜
杂物柜使用频率高，应设置在使用方便的位置（见图⑦）。
灶台下留空及预留备用插座
对于轮椅使用者，洗涤池和灶台下部柜体最好留空或者向内凹进，以便轮椅接近，也便于老人坐姿操作，并在低柜内预留电器插座备用，供加设电烤箱、洗碗机等设备（见图⑥）。

卧室区域
分床设计
床头应设置紧急呼叫器，保证老人躺在床上伸手可及（见图③）。
一键紧急呼叫
床头应设置紧急呼叫器，保证老人躺在床上伸手可及（见图⑤）。
卧室进门应足够宽敞
老人卧室进门处不宜形成狭窄的拐角，防止急救时担架出入不便。
衣柜细节设计
老人使用的衣柜应增加抽屉、隔板等配件，减少衣服挂置空间。
起夜地灯
考虑到老年人起夜比较经常，所以有必要设置起夜地灯（见图⑧）。

卫生间区域
易开闭的门扇及地面防滑材质
最好采用拉门或折叠门。卫生间内外地面应无高差，并选用防滑材质。
洗手台细节设计
台盆下方可以入轮椅，洗手台下安装暖足机。
带智能盖板的坐厕
方便老人日常使用，和使用后清洗（见图②）。
一键紧急呼叫
在淋浴间附近安装拉绳式的一键紧急呼叫按钮（见图⑭）。
淋浴间细节设计
淋浴间内应可以放下可折叠浴凳（见图⑮）。

图 4-18　健康享受型（三档）功能分析图

2. 局部功能细节

①连通的客餐厅
②带智能盖板的坐厕和扶手的坐
　便器
③可以摆放两张床的卧室
④门厅有方便换鞋的坐凳
⑤床头的电器插座和紧急呼叫按钮
　开关面板上面注明开关的功能
⑥操作台下的凹进位
⑦可拉伸取物的橱柜拉篮
⑧消除高差的门槛位卧室过道的
　夜灯
⑨大键盘一键式电话
⑩家具的圆角设计
⑪带滑轮的餐椅
⑫可双向开启的门
⑬地面风干机
⑭卫生间的安全扶手、紧急呼叫按钮
⑮卫生间摆放换衣的座椅

图4-19　健康享受型（三档）户型局部功能

跋 | 梁上燕

　　一直以来，房地产业就有这样的说法：房子买不买，关键看户型。户型设计的重要性可见一斑。当下，户型设计也可谓流派众多，同时又良莠不齐，令人莫衷一是。透过二十多年的实战，我有一个最简单最直接的标准：户型设计有没有将客户放在第一位，换句话说，走心的设计才是优秀的设计。户型大师周文胜正是这种走心设计的行家里手。他在打造星河湾、中海、招商等系列经典户型后，在完成 600 个项目之后，将既往户型设计经验梳理归纳、分析研究、沉淀升华，为读者拨开迷雾，提供路径、尺度。通读本书之后，我既为书中的真知灼见点赞，更为周文胜不藏私乐与无私分享的精神点赞。

Liang Shang-yan

著名策划人
中国文化产业促进会副会长
中国房地产策划师联谊会执行主席